U0017080

THE
SKY
ATLAS
天 空 地 圖

EDWARD
BROOKE-HITCHING

愛德華・布魯克希欽

馮奕達———譯

目次

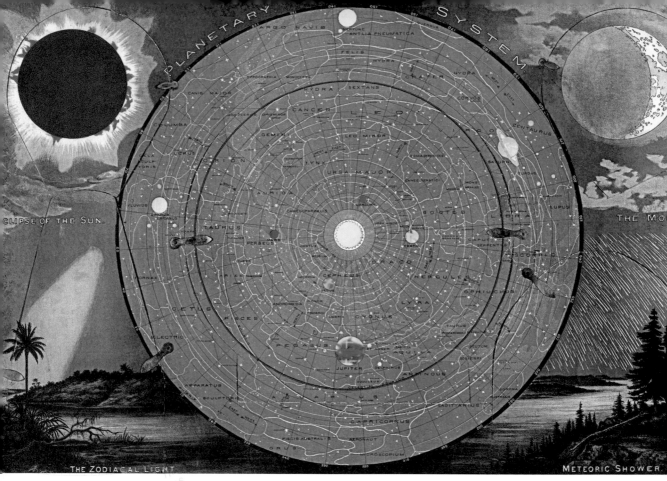

〈夜空〉，出自《亞吉的地理研究》（*Yaggy's Geographical Study*, 1887）。

引言

只要我注視著滿天星空的運行軌跡，我的雙足便能離開地面。

——托勒密（Ptolemy）

　　對於宇宙的開端，我們知道些什麼？問題的答案其實取決於你問的人是誰。當代的宇宙學家理所當然會提到「大爆炸」（Big Bang）──1927年，比利時神父喬治·勒梅特（George Lemaître，見〈4-11 宇宙新視野：愛因斯坦、勒梅特與哈伯〉）首度提出這個理論，他表示宇宙是從一個「宇宙蛋」，或是「太古原子」（primeval atom）中爆炸成形的。數百億年前，所有的時間、空間與能量占據著這一個密度、溫度無限的點，稱為「奇異點」（singularity）。這場大爆炸在百萬兆分之一秒內造成了

科里亞克人（Koryak people）的薩滿所穿著的儀式用舞衣；這是俄羅斯遠東地區的原住民文化。這件外衣是用鞣製的馴鹿皮製成，上面用各種尺寸的圓形裝飾來代表星座，縫在腰間的布條則代表銀河。

膨脹，宇宙也隨之成形，最終如氣球般鼓脹到如今直徑約930億光年的大小。

問問別的天體物理學家，他們說不定會主張「大爆炸恐怕不是真正的起點」，畢竟這個理論是以亞伯特・愛因斯坦（Albert Einstein）的相對論為基礎，而相對論只能說明有了奇異點之後所發生的事，而非之前。事實上，大爆炸理論有兩種，而正確的只能是其中一種。

另一種大爆炸理論主張時間與空間其實誕生得更早，早於大爆炸，是爆炸前所謂「膨脹」（inflation）階段的一部分。主導著當時宇宙的並非物質與輻射，而是一種本自俱足的能量——一種不可見的「暗能量」（dark energy，見〈4-12 20世紀以來的大突破〉）。暗能量雖然尚屬理論階段，但顯然可以透過其影響觀察之。再向其他天體物理學家尋求解答，他們或許會轉而指向近年來的量子方程式模型（根據愛因斯坦的定律來運作），主張「從來沒有一個誕生點」，宇宙很可能永遠存在，無始亦無終。（這個論點恰巧與亞里斯多德〔見〈1-5 古希臘人〕在2300年前所主張的一模一樣——最能證明神存在的，不就是永恆之完滿嗎？）

所以……我們對於宇宙的開端，究竟知道些什麼？這是我們好奇心最古老的起點，是我們之所以能在世界各文化的根源找到創世神話的原因。根據中國的傳說，最早的人名叫盤古，是個全身是毛、頭上長角的巨人。他等了18000年，終於從一顆宇宙蛋中現身。盤古用自己的斧頭，將蛋殼一劈為二，形成天地，接著力竭倒下。他的四肢化為群山，他的血液化為河流，他的呼吸化為風。

史蒂芬・霍金（Stephen Hawking）喜歡談剛果民主共和國庫巴人（Kuba people）的信仰，來為自己的講座增色。庫巴人的起源傳說中有個創造神姆邦波（Mbombo，

亦名邦巴〔Bumba〕），這位巨神獨身站立於黑暗的水中，因為胃痛而嘔出了太陽、月亮與星辰。太陽晒乾了水，陸地得以展現。姆邦波接著嘔出9種動物，而最後一次乾嘔出來的就是人。

　　至於其他地方，匈牙利神話稱銀河為「戰士之路」（The Road of Warriors），當塞克宜人（Székelys，生活在外西凡尼亞〔Transylvania〕的匈牙利人）遭受威脅時，薩

15世紀的曼荼羅（宇宙的示意圖），主題是藏傳佛教中開悟的存在──三頭四臂的「喜金剛」（Hevajra），和他的伴侶「無我佛母」（Nairātmyā）在宇宙中間的四道精神門戶間共舞。

巴（Csaba，傳說中匈人阿提拉〔Attila the Hun〕的兒子）便會衝鋒而來，解救他們。另外，將近4000年前，生活在今天伊拉克地區的古巴比倫人也有一部史詩——《天之高兮》（*Enuma Elish*，見〈1-2 古巴比倫人〉），講述宇宙是殘暴的原初神祇們進行寰宇大戰的結果。

如果求諸於《聖經》（舊約明顯受到《天之高兮》的影響，有許多敘述非常類似），問題的答案可以在《創世紀》中找到：神的靈先是運行在黑暗中的水面上，然後帶來了光。人們對於聖經中的這些資訊所懷抱的崇信，曾經在過去激發出對字面一板一眼的詮釋，帶來一些有趣的結果，像是相信地球是平的、方的（見〈1-5 古希臘人〉的奧蘭多・佛格森〔Orlando Ferguson〕扁平地圖）。今人也早已忘記，中世紀人一度相信天空中有海洋，天空的水手駕著船遨遊其上（見〈2-6 天空中的大海〉）。17世紀時，愛爾蘭大主教詹姆斯・烏雪（James Ussher, 1581-1656）甚至明確指出創世的精準時間點，就發生在西元前4004年10月22日的晚上6點。除了烏雪的推算之外，17世紀[1]還有人描繪出在創造之光出現之前，時間上不存在時的一片空無——也就是下面這張收錄於醫生

〈無垠〉，出自羅伯特・弗魯德的《宏觀與微觀世界》（1617）。

兼神祕術士羅伯特‧弗魯德（Robert Fludd）《宏觀與微觀世界》（*Utriusque cosmi...* , 1617）一書中的畫。

其實，正是對弗魯德這張創世前黑暗虛空景象的思索──不妨說，這幅景象就是最早的「天空」──喚起了本書的主題。本質上，本書的目標在於爬梳出一部天空的影像史，將世界各地大量且錯綜複雜的天體神話、寰宇哲思加以提綱挈領，搭配天文學與天體物理學的劃時代發現，結合成一段穿越數千年的圖像歷程。書裡固然囊括了各式各樣的繪畫、儀器與照片，展現我們逐漸破解宇宙劇場密碼的歷史，但本書主要仍然是一本星圖（或稱天體圖）集。

在我看來，星圖集堪稱是最為人所忽略的製圖類著作。製圖學史上有關地圖的學術研究，遠超越星圖的著作，但明明兩種類型的圖在傳統上地位是平起平坐的。這種平起平坐，似乎有違「地圖描繪了王國與帝國的地理探索和政治擘畫，而天界的地圖卻鮮少反映人世間」的想法。事實上，當代人傾向於把群星的地圖化約成不過是「裝飾用」的素材，認為其中的歷史材料有限。（當然，星圖在歷史上與偽科學──占星術──之間的關係，對於這一點絲毫沒有幫助。）弔詭的是，還有人認為星圖是死氣沉沉的專業示意圖，只有學界中人才會有興趣。我們接下來就會了解，這兩種指控與真相相去不可以道里計。天體地圖靈動活現的程度不亞於其餘任何一種地圖──而且其藝術手法經常無與倫比。

當然，天體圖與地圖的製圖傳統，就跟這兩種圖所代表的發現方式一樣大不相同。地圖製圖是以主動、漸進的探勘過程為根底。每當猛然走進未知的世界、頁面的空白時，我們會一步步、一船船地記錄並量測在整個大地上的地理擴張。另一方面，壯觀的天庭早自最初便是以完整的樣貌輝煌顯現。太陽、月亮與遊走其間的行星以可見的無數星星為背景，各自運行，自在相變，只不過它們對我們來說是全然的玄祕。

對天體製圖師來說，面對如此勢不可擋的廣袤，天空本身就是一張畫布，讓觀察星空的人把心中的所有迷思、恐懼與宗教神話投射於其上，畢竟人類的心智會在混沌中不停尋找能夠認出來的圖案。由於缺乏船隻去探究這片汪洋中的汪洋，天文學家與藝術家只能運用自己所知──他們的神祇、神話與動物──根據星星的明暗階序，將之套用在星座上。古羅馬人所採用的黃道十二星座，其歷史遠早於成文的記載。這十二個星座的概念，是他們從希臘人手中繼承而來，而希臘人又是從巴比倫人處得到這個概念……以此類推，回溯到前歷史時代的混沌之中。

本書雖然以考古大文學領域中的史前遺跡為開篇，但有史可稽的天文學則是始於美索不達米亞的古代蘇美人與巴比倫人（比方說，我們將得知史上第一位有名傳世的作者，是一位月神女祭司）。這段旅程隨後將帶

〈黃道十二宮〉，出自約翰尼斯‧安格魯斯（Johannes Angelus）的《星盤》（*Astrolabium Planum*，晚於1491）。

我們穿過古埃及，接著解開古希臘哲學家的各種精彩天體觀點。希臘化時代早期最令人讚嘆也最歷久不衰的概念，就是天球觀（見〈2-7 掌握宇宙：發條機械與印刷術〉）：世界位於一層又一層，愈來愈大的透明球體階序之中，每一層球體支撐著一顆行星，支撐著太陽或月亮，以「恆星」為背景。這種觀念對我們來說雖然古怪，但確實有其清晰的邏輯，畢竟它能從大地範圍內已知的行為，外推解釋天體的運行──假如有某種事物能無盡地進行如此漫長的旅程，那肯定有其載體。

這個天球一層層的故事，其實清楚說明了放諸天文學泰半歷史中皆準的一個要點。真正的突破通常恰好產生於人們無視於明顯、已知且有邏輯的事物之時，產生於訴諸另一種原創、相反的觀點之時。或許，採取這種做法最有名的例子就是哥白尼（見〈2-3 伊斯蘭天文著作傳入歐洲〉），他把地球從神所創造的宇宙之中心扯離，用太陽取而代之，撼動了當時的宗教界與社會賢達，引發科學革命。我們發現，當天文學家追尋終極目標，試圖獲致對宇宙的客觀觀點，探究其撲朔迷離的運作機制時，他們最重要的實驗器材或許就是想像力。

正因為如此，書中才會蒐集錯誤的天文學猜想、科學迷思，將之與偉大的發現和各式各樣的文化傳說共同羅列──也許是帕西瓦爾·羅威爾（Percival Lowell）觀察到在火星上由外星人建造的運河（見〈4-8 窺視火星生命的帕西瓦爾·羅威爾〉），也許是勒內·笛卡兒（René Descartes）的「實」空漩渦宇宙觀（見〈3-5 笛卡兒宇宙〉），抑或是追尋不存在的火神星那場趣味之舉（見〈4-5 幽靈行星：火神星〉）。我們從這些終究證明有誤的聯翩想像與詮釋中所認識的，就和我們從勝利歡呼中得到的一樣豐富。我們順著這段前進的步伐（與偶然的繞路），見識了天體製圖學的藝術，看到人們以圖像方式記錄這些創新，進而伴隨古騰堡印刷術的發明而蓬勃發展，在文藝復興時代人們對測量、對精準

構成澳洲原住民星座「天空中的鴯鶓」（Emu in the Sky）的不是星星，而是星星之間的黑暗。攝於澳洲維多利亞省阿拉皮列斯山（Mount Arapiles）。

描繪型態的熱情之中與整體製圖藝術一起人氣高漲。始於15世紀的地理大發現時代，同樣也是製圖學的黃金時代。新國家、新大陸的發現填滿了地圖，不僅製作愈來愈細緻，比例的概念也益發完善。天空的發現、爭奇鬥豔的理論圖表和宇宙結構也更加別致。天體圖集在17世紀時，隨著安德烈亞斯·切拉里烏斯（Andreas Cellarius）《天體圖集》（*Atlas coelestis*，見〈3-7 牛頓物理學〉）一書的發表，達到藝術手法的高峰——咸認該書是歷史上最美麗的星圖集。

近年來，光譜學的發展讓天文學中的奧祕進一步揭開——星星會透過自己所發散的光譜，吐露自己的化學祕密。天體物理學便脫胎自光譜學，天體製圖領域也隨攝影技術的發展而轉變。有了20世紀的創新，科學發現的效率也跟著對宇宙通用定律的研究而達到新的高峰——例如，最有名的就是愛因斯坦的廣義相對論（見〈4-11 宇宙新視野〉），先前提到勒梅特神父的「宇宙蛋」構想，便受到相對論的影響。埃德溫·哈伯（Edwin

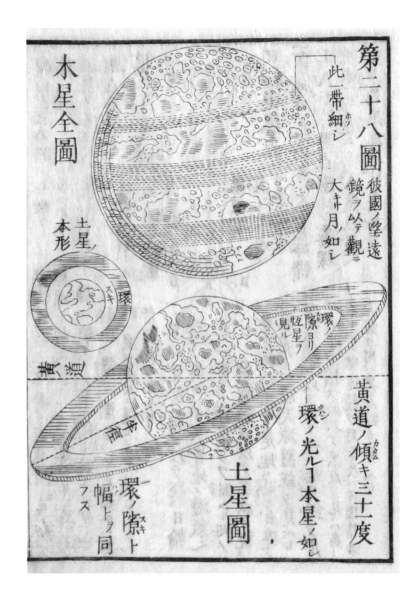

出自日本藝術家司馬江漢的《刻白爾天文圖解》(1808)。司馬江漢將尼古拉‧哥白尼的日心說引介進日本。

Hubble，見〈4-11 宇宙新視野〉）後來發現天空中閃閃發光的星雲，其實是一整個星系，遠位於銀河系的範圍之外。更有甚者，許多的星系正飛速遠離我們，膨脹宇宙模型也因此得到證實。直到1998年，人們才發現這種膨脹並未減緩（與過去的想法正好相反），而是處於加速當中，各個星系競相遠離彼此——感覺就像往空中丟石頭，結果發現石頭加速遠離你一樣奇怪。之所以如此的原因仍然是個謎，但從計算膨脹的速率再回推，我們就能為宇宙的年紀推敲出個數字——介於100億至200億

年之間。就在烏雪大主教估計宇宙為5650歲的350多年後，我們不僅在哈伯太空望遠鏡的協助下，進一步把這個數字推到138億年，如今甚至能看到幾乎跟這段時間中光行距離一樣遠的星系——例如大爆炸後大約4億年便出現的大熊座 GN-z11星系（見〈4-12 20世紀以來的大突破〉）。

至此，我們重新回到我們一開始——也可以說是最關鍵的問題：對於宇宙的起源，我們究竟知道些什麼？我們知道，我們一天比一天更勇於深入謎團的核心，太空探測儀劃過星際空間，有如先前的海洋探險家一般將未知拋諸腦後。[2] 我們知道，有了軌道太空望遠鏡，我們的目光達到前所未有的敏銳，距離解決與宇宙起源大哉問緊緊聯繫的無數謎團——在我們的世界之外別有生命的可能性、我們宇宙的構造及其命運——也愈來愈近，只要我們能存活下來，看到這一切。從歷史中我們學到，應該對我們以為自己所知的一切抱持健康的懷疑論，就連我們「只有一個宇宙」的這種假設，也很可能跟一百年前的天文學家一樣缺乏遠見——他們可是確信知道太陽系就是唯一的星系呢。

不過，我想有兩件事情是肯定的。第一，就像那些為第一架望遠鏡設計透鏡，用紙筆便能為行星重新排序，或是用一黑板的方程式總結全宇宙之恢弘的人，我們的科學與哲思想像力將永遠是你我最有用的工具。另一件無庸置疑的事，就是天體圖將會永垂不朽。書中的圖像恰如其分顯示了跨越時間與文化，我們製作出了多麼不同的天空地圖；光是從這些天體圖的存在，便能展現你我成就此一功業的決心是如此相似。無論製圖學在未來會採用多麼先進的天文攝影形式，無論我們距離在洞穴牆上塗畫第一張星圖的史前祖先們有多麼遠，我們所繪製的天空地圖將永遠記錄下我們的成就，為其餘的人指出可循之道。

1 古代的天空

古代中國曾有一個諸侯國——杞國，是個很小的國家。正史中鮮少提及它，即便談到，多半也帶著「不值一提」的附注。然而到了今天，世人之所以記得杞國，則是因為該國成為一句知名中文成語的典故，意在教人不要理會無稽之憂——「杞人憂天」，說的是杞國人成天擔心天會塌下來，把自己壓扁。

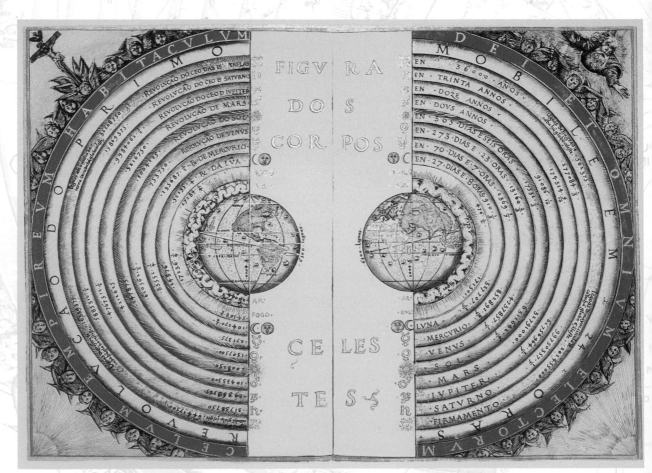

〈天體圖〉（Figure of the Heavenly Bodies），描繪的是托勒密宇宙。出自葡萄牙宇宙學家兼製圖家巴托洛梅烏・維利歐（Bartolomeu Velho）的手筆，約1568年。

天文學令魂靈望上看，領我們從此世至彼世。

——柏拉圖，《理想國》（*Republic*，約西元前380年）

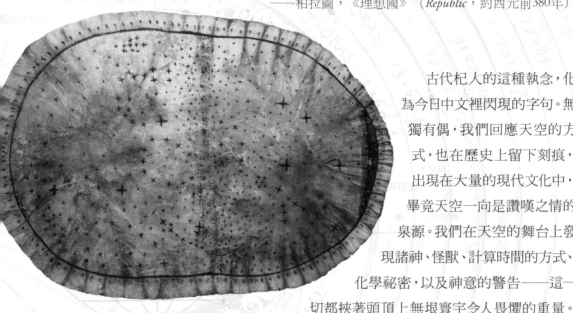

美洲原住民波尼人（Pawnee people）的天空圖，以駝鹿皮製成。星星以不同尺寸標示，代表它們的星等（亮度）。

古代杞人的這種執念，化為今日中文裡閃現的字句。無獨有偶，我們回應天空的方式，也在歷史上留下刻痕，出現在大量的現代文化中，畢竟天空一向是讚嘆之情的泉源。我們在天空的舞台上發現諸神、怪獸、計算時間的方式、化學祕密，以及神意的警告——這一切都挾著頭頂上無垠寰宇令人畏懼的重量。其迷魅至今猶然，我們揭開的祕密愈多，便發現愈多層的奇幻，愈陷愈深。我們如何問天？稍後我們會看到，問天的信史始於蘇美人。但在有史可徵之前呢？我們與史前天空的關係，是什麼性質呢？

這個研究領域，叫做「考古天文學」，跟後來的古代天文學研究傳統是有明顯區別的。考古天文學家透過現存的一丁點兒實證，試圖破譯史前人類與天空之間難解的關係。近年來所發現的古代天文文物（尤其是歐洲出土者），有助於我們勾勒出新石器與青銅器時代居民的樣貌——早在文字體系發明之前，早在幫助觀察的光學儀器尚未發明時，他們便擁有成熟的數學與天文學知識，遠甚於我們過往的認知。

1-1　凝望史前星空

　　1940年，一隻名叫機器狗（Robot）的寵物狗在西南法村莊蒙蒂尼亞克（Montignac）附近，帶著一群少年從一個小洞通往拉斯科洞窟（Lascaux caves），結果發現了歷來找到最龐大的史前藝術創作群。根據其中一位少年馬塞爾·拉維達（Marcel Ravidat）回憶，他們在洞裡找到「栩栩如生的動物行列，就畫在洞窟的牆上與頂上」，他還補了一句，「每隻動物看起來都像在動」。洞中有超過600幅以礦物性顏料繪製的圖案，以及將近1500張刻在岩壁與洞窟頂部的雕刻畫，人們戲稱為「史前西斯汀禮拜堂（Sistine Chapel）」。這一切據估計是製

法國拉斯科洞窟公牛廳的一部分壁畫。黑色的符號據信是史前人類所畫的昴宿星團。

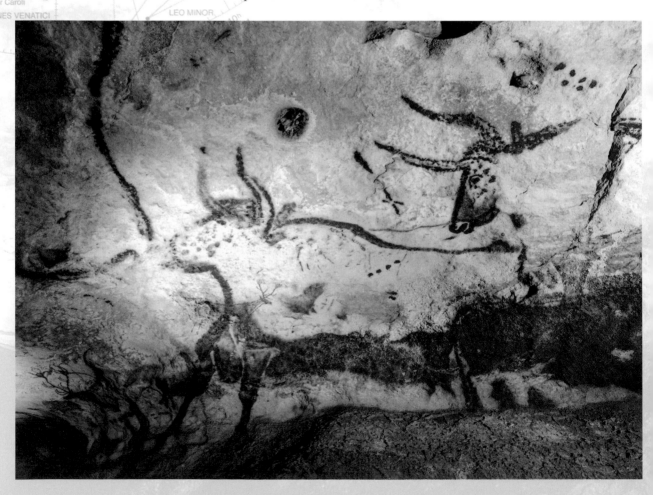

作於約17000年前，是好幾代人的創作結晶。洞窟分為幾個區域：公牛廳（Hall of the Bulls），畫了一頭17英尺（5.2公尺）長的公牛，是洞窟壁畫類型中至今發現最大的動物；側道（Lateral Passage）；亡者豎井（Shaft of the Dead Man）；雕刻畫室（Chamber of Engravings）；壁畫廊（Painted Gallery）；以及貓室（Chamber of Felines）。畫中的動物表現出季節特性，大多數都有跟特定季節有關的生理特徵：鹿顯現出秋季交配期的樣子，馬則是處於交配與產駒階段。（妙的是，明明當時這些藝術家以馴鹿為主要的食物來源，但洞窟裡卻沒有半張馴鹿的圖。）

亡者豎井牆上所畫的一頭公牛、一隻鳥與一名鳥人最是讓人感到有趣。根據慕尼黑大學的麥克・拉朋格魯克（Michael Rappenglueck）博士所詮釋，這些畫是現存最早的星圖。上述的三個圖案分別代表織女一（Vega）、天津四（Deneb）與河鼓二（Altair），也就是今日所謂的夏季大三角。北半球仲夏時，這三顆星是夜空中肉眼可見最明亮的物體。洞窟中別處，也就是公牛廳內，還有另一張圖，畫的顯然是昴宿星團（Pleiades star cluster），有時亦稱七姊妹星團（Seven Sisters）。圖上其他部分的輕觸之筆，可能代表較小的星星。拉斯科洞窟在1948年對外開放，但人們的觸摸與呼吸卻改變了洞內環境，因此當局在1963年關閉洞窟，作為保護措施。今天，我們可以走訪拉斯科二號（Lascaux II）——在原洞窟不遠處所興建的複製品。拉斯科的創作有如某種史前天文館，讓我們得以透過冰河時期人們的雙眼來一窺宇宙。

詮釋天空以揣度時間，顯然也是早於文字發明之前的技術。比方說，位於蘇格蘭沃倫原野（Warren Field）的中石器時代「日曆」遺跡（建於約西元前8000年），便是今人追尋「時間」概念之始時所探究的地點。這12座坑（透過空拍定位後，於2004年發掘）似乎是模仿朔望月的各階段月相，並沿著冬至日太陽升起的東南方地平線

排列。這種排列方式想必能為採集、漁獵的人提供年度的「天文校準」，讓他們更能掌握時間流逝與季節遞嬗，同時具有象徵與實質意涵。這是同類型天文計時建築中年代最早的一個——接下來有數千年時間，歐洲各地都沒有類似的已知遺址存在。

不列顛群島的中石器時代大型建築特別豐富：巨石陣[3]（Stonehenge）興建時（介於西元前3000年至2000年間），同樣是按照一條軸線，其中一端大致指向夏至日出點，另一端則指向冬季日出點。維多利亞時代的天文學家諾曼·洛克耶（Norman Lockyer, 1836-1920）寫道，「就我看來，我想我們那座古代遺跡是興建來觀察、標示天體的升起與位置，這種詮釋如今已獲證實。」對洛克耶來說，巨石陣的天文功能是明擺著的；不過，儘管這種說法相當流行，但「巨石陣是古代觀測所」的理論仍然只是理論。近年來對巨石陣青石內圈的研究，顯示這些

第一張巨石陣寫生，約1573年，出自法蘭德斯畫家盧卡斯·德·赫勒（Lucas de Heere）之手。

對頁圖：現存最早的巨石陣圖片，是詩人瓦斯（Wace）的《布魯特傳奇》（*Roman de Brut*）刪節本手稿中的其中一張插圖，製於1338年至1340年間的不列顛。

上圖：內布拉星盤，1999年於德國薩克森─安哈特邦出土，根據相關出土文物定年為西元前約1600年。

石頭另有功能──內圈之所以選擇青石，是因為敲擊時的聲學特性。這說明了興建者為何棄當地石材，反而寧可從180英里（290公里）之外的彭布羅克郡（Pembrokeshire）把青石拉過來。曼恩克羅克（Maenclochog）距離這些石材的來源不遠，據說村中的教堂直到18世紀仍在使用青石製的鐘。

有另一種看似與天文無涉、沒有直接關聯的可能性──巨石陣是個葬堆，其興建的500年期間有大量的人類遺骨埋在那裡。事實上從古到今，葬儀與天空崇拜之間的關聯在各個文化中都能找到。在前伊斯蘭時代的波斯，瑣羅亞斯德信徒會興建「寂靜塔」（Towers of Silence）──高聳的環狀建築，將遺體放在上面，任腐食性鳥類食用。與此同時，圖博也進行類似的習俗，而此傳統習俗延續至今。圖博人的「天葬」是將遺體放在山頂上，任鳥食用，這是佛教金剛乘信仰的一部分。金剛乘認為，一旦靈魂離體，軀殼就只是個遭到捨棄的空容器。把軀殼獻給上天與野生動物，是咸認最慷慨的做法。

讓我們從跟天象有關的遺址轉移到和星辰有關的文物。1999年有另一件了不起的文物出土了。當時，兩名攜帶金屬探測器的盜墓者在德國薩克森─安哈特邦（Saxony-Anhalt）的內布拉（Nebra）附近，發現了一個青銅器時代遺址。兩人在一小落由兩把青銅劍、兩把斧頭、一把鑿子與幾件螺旋狀手鐲的文物堆中，發現了獨一無二的文物──一面直徑12英寸（30公分）的青銅盤，上面經氧化產生鮮豔的藍綠色銅鏽，並有用黃金鑲嵌的符號。盜墓者（後來遭到起訴，他們上訴以減刑，結果判決反而加重）把寶藏賣給科隆的非法古物商，這面青銅盤與其他一同出土的文物在接下來兩年間不斷在黑市中轉手。直到2002年，當局才在由德國哈勒博物館

昂宿星團合成圖，加州帕洛瑪
天文台（Palomar Observatory）
在1986年至1996年間觀測的結
果。

（Museum of Halle）的哈拉德・梅勒（Harald Meller）博
士主導的臥底行動中，追回這些文物。此後，世人才開
始意識到內布拉星盤的重要性。

　　透過對一同出土的斧頭、寶劍進行放射性碳分析，
我們得知這個星盤可能製作於西元前約1600年，屬於青
銅器時代的烏奈提西文化（Unetice culture）。內布拉星
盤因此得到證實，成為現存最古老的宇宙描繪。傳統上
認為青銅器時代的歐洲，是先進的古埃及與希臘文化陰
影下的知識黑暗區。但這項驚人的發現卻動搖了上述看
法。內布拉星盤出奇精緻：上面鑲嵌的符號顯然包括了
太陽與月亮，周圍由看似隨機的星點所包圍，但咸認星
盤中心偏北的明顯星群為昂宿星團──該星團確實曾
閃耀於青銅器時代的北歐星空。

　　星盤邊緣有兩道黃金弧（其一已佚失），學者對這
兩道弧的詮釋更是引人入勝。它們的跨度為82度，正好
與夏至和冬至之間日落位置在地平線上移動的角度相
符。換句話說，這個星盤想必具有實際功能，標示了內
布拉至日的精確情形，對農業有重要的用處。第三道黃
金弧缺口朝上，兩端遠離邊緣。人們對此有各種詮釋，例

上圖：納斯卡線的蜘蛛，長150英尺（46公尺），是眾多刻在祕魯南部納斯卡沙漠中的知名地面繪畫之一，時間介於西元前500年至西元500年之間。沒有任何傳世文獻能說明這些圖案的目的，但一般認為納斯卡線跟水有關，代表這些圖案可能是向太陽神致謝的訊息。

右圖：獨一無二的「柏林金帽」（Berlin Gold Hat），這頂儀式用的帽子上面有黃金雕飾，定年為青銅器時代晚期，約西元前1000年至800年，出土於德國南部或瑞士。青銅器時代的詮釋者將這頂帽子視作為陽曆或陰曆表，預測月食與其他天文現象。

如銀河，或是彩虹。不過，最主流的理論卻帶有讓人為之一顫的可能性。這第三道黃金弧，會不會是代表「太陽船」（solar barge），也就是埃及神話傳統中，載著太陽神「拉」（Ra）渡過夜空的船？古埃及文化在當時的影響範圍是否可能遠及於此地？

如此跨國性質的參與看似異想天開，實際上卻有其可能。2011年，研究人員對星盤進行了地質化學分析，發現其中的銅元素可能來自當地礦脈，黃金與錫成分則明確來自英格蘭的康瓦爾（Cornwall），兩地之間的直線距離可是超過700英里（1127公里）。內布拉星盤所揭露的，不僅是製作該星盤的文化具有此前所忽略的成熟度，還證實不列顛群島與中日耳曼地區之間有大規模金屬貿易存在，甚至還有埃及神話的啟發（倘若那道弧所描繪的確實是太陽船的話）。無怪乎聯合國教科文組織（UNESCO）會在2013年表示內布拉星盤為「20世紀最重要的考古發現之一」。

1-2　古巴比倫人

　　探究這些史前發現固然令人入迷，但由於缺乏文獻佐證，我們終究無法就它們與天文的關聯下最後定論。我們詮釋這些文物具有非凡的重要性，但這些詮釋是現代的，是由我們為上古天體知識追尋實證基礎的狂熱所驅使。為了時代最早且有史可稽的研究，我們必須離開歐洲，往更東方前進。

　　西方的天文學起源於蘇美人——美索不達米亞南部（今伊拉克南部）一群創造力超凡的人。在他們的諸多發明中，就包括當代將圓分割為360度，每一度代

尼可拉埃斯·費雪（Nicolaes Visscher）的古代巴比倫地圖，1660年。

表60分鐘的巧妙設計，以及已知最早的文字體系——西元前3500年至3200年間發明的楔形文字。為君主效力，研究、探索天空的任務，落到了「恩」（EN）的身上——大祭司或女祭司一職，擁有極大的政治權力。握有此一職位的人當中最有名的一位，叫做恩赫都南娜（Enheduanna）。她是阿卡德王薩爾貢（King Sargon of Akkad）的女兒，也是第一位獲命擔任「恩」的女性（約西元前2354年）。今人之所以記得她，是因為她曾寫詩作賦，詳細記錄自己的人生，尤其是153行的〈伊南娜女神頌〉（Nin-me-šara），提到她以月亮女神南娜（Nanna）的女祭司身分觀察月相。因此，恩赫都南娜成為眾所公認，第一位在歷史上留名的作者。

蘇美在西元前2000年左右失勢，巴比倫文明接著就在征服蘇美的國王漢摩拉比（Hammurabi）統治下發展。蘇美語言漸漸被阿卡德語所取代，但蘇美人許多先進的傳統卻養育了年輕的巴比倫文化——其中又以天文學為最。一如其他古代文化，早期的巴比倫天文學也是在混亂中求秩序的嘗試。接下來3000年，「天文學」這種對天體的嚴謹科學分析，有一部分便是受到不科學的動機——占卜預測——所推動的。巴比倫人將他們的諸神與恆星、行星相連，對於天體運行的詮釋受到高度重視。有能力解讀星象的人，便握有對人世間事物的實質影響力。

在寰宇混沌中尋找模式——這個放諸四海皆準的主題，發展為巴比倫的創世神話《天之高兮》。《天之高兮》可能早在西元前18世紀便已創作出來。1849年，英格蘭考古學家奧斯定‧亨利‧雷亞德（Austen Henry Layard）在尼尼微（Nineveh，伊拉克摩蘇爾〔Mosul〕）的亞述巴尼拔圖書館（Library of Ashurbanipal）遺跡中，找到了這部故事的斷簡殘編。大約1000行的蘇美—阿卡德文史詩寫在七塊泥板上，講述宇宙的誕生，「當上方的

〈巴別塔〉（The Tower of Babel），馬爾騰·范·法爾肯勃希（Marten van Valckenborch）繪，1595年。人們根據《創世紀》中記載的傳說，解釋全世界形形色色的語言。聖經中的大洪水之後，人類往東遷徙至示拿（Shinar）之地，講一樣的語言，妄想興建足以通天的高塔。神對此的回應，是擾亂他們的語言，讓他們四散於世界各地。歷史學家試圖將巴別塔與曾經存在過的建築物相聯繫，其中最有名的就屬埃特曼南基（Etemenanki）——一座高300英尺（91公尺）的塔廟（ziggurat，四邊形階梯塔），是巴比倫國王那波帕拉薩爾（Nabopolassar）在西元前約610年興建，獻給美索不達米亞神祇馬爾杜克的塔廟。西元前約331年，亞歷山大大帝下令拆毀埃特曼南基。

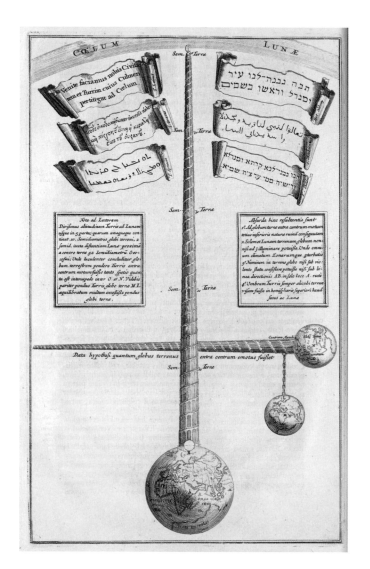

左圖：阿塔納修斯・基爾舍（Athanasius Kircher）在1679年出版《巴別塔》（*Turris Babel*），分析巴別塔碰觸到天空所需要的高度，證明其不可能實現。

對頁圖：古代亞述城市尼姆魯德（Nimrud）的浮雕，據詮釋，這是馬爾杜克神戰勝了宇宙巨獸提亞馬特（Tiamat）。

天空尚未得名時」，兩位原初神祇阿勃祖（Abzu，代表淡水）與提亞馬特（Tiamat，海水）的水混合在一起，帶來了創世。好幾位新的神在提亞馬特腹中成形，其中一位神的兒子馬爾杜克（Marduk）得到了控制風、用龍捲風造成破壞的能力。阿勃祖對這些新生的神愈來愈不耐煩，計畫把祂們全殺了，但祂們先發制人，成功對阿勃祖發出致命一擊。提亞馬特意欲為阿勃祖之死復仇，但她體內的馬爾杜克成為眾神所推派的領袖，用自己新獲得的能力擊敗了提亞馬特，把她的身體劈成兩半。天地由是誕生。在故事公式化的結局中，馬爾杜克還創造了曆

法，並以有序的方式安排日月星辰的運行。這個神話把巴比倫神馬爾杜克的地位抬高到其他美索不達米亞神祇之上，也讓我們了解當古代巴比倫人仰頭望天時，心裡浮現什麼樣的場景。尤其是當他們瞥見閃爍的木星時——天空上的這顆行星代表了「太陽神的勇犢」，馬爾杜克。

現存最古老的天文學文獻來自巴比倫，其中最早的是阿米薩杜卡金星表（Venus tablet of Ammisaduqa），年代可以回溯到西元前17世紀中葉，阿米薩杜卡王統治的時代。這塊楔形文字泥板記錄了21年間，對於金星的偕日升（當一顆恆星或行星在日出前後不久，在東方地平面出現的現象）詳盡觀察的結果。[4]

這塊泥板只不過是70塊一套的天文日誌集成裡面的一塊。這部集成的全稱為《徵兆結集》（*Enuma Anu Enlil*），出自迦勒底人（Chaldaeans）的手筆，內容相當詳盡觀察了天體預兆，以及當時的祭司兼書記在預兆發生

上圖：李奧納德·伍利爵士（Sir Leonard Woolley）在發掘蘇美城市烏爾（Ur）時找到了一塊方解石盤，這是修復後的樣貌。上面描繪祭獻場景，右邊第三人就是女大祭司恩赫都南娜。

後所做的詮釋。他們維持記錄到西元前第一千年期，提供豐富的天文與歷史材料，例如記錄了當時讓該地區最為震動的事件——亞歷山大大帝的征服行動。其中一塊泥板（1880年出土）記錄了發生在西元前331年10月1日的高加米拉戰役（battle of Gaugamela），亞歷山大在這一天擊敗阿契美尼德王大流士三世（Achaemenid king Darius III），征服美索不達米亞。對於如此的大事，迦勒底人已經在11天前解讀天象，用楔形文字寫下了他們預測的結果：「天有月食。月全食的那一刻，木星正好隱沒，土星正好升起。吹正西風，將東風一掃而盡。食象時，將有死亡與瘟疫。」

　　迦勒底人詳述大流士在此等不祥天象發生後，敗給「世界之王」（亞歷山大）的過程：「記要：國王之子將為王座淨身，但他將不會登基。入侵者將率領西方的王公而來；他將行使王權8年；他將攻克敵軍；他的道路將

下圖：〈巴比倫城陷〉（The Fall of Babylon），1831年由約翰·馬丁（John Martin）所繪，是居魯士大帝（Cyrus the Great）擊敗迦勒底（Chaldea）軍隊的場景。

對頁圖：阿米薩杜卡金星表，是現存最古老的美索不達米亞天文觀測紀錄，年代約為西元前17世紀中葉。星表記錄著日出與日落時，金星第一次與最近一次可見於地平面的情況。

豐饒富庶；他將繼續追擊其敵人；他的好運永遠不盡。」西元1世紀的羅馬歷史學者昆圖斯·克提烏斯·魯法斯（Quintus Curtius Rufus），在他的《亞歷山大大帝史》（*Histories of Alexander the Great*）提到，大流士別無他法，在大戰前額外舉行祭獻，但上天已經表示得如此不容分說，提前舉行的任何儀式都救不了他，甚至連欺騙天神的不得已之舉也無能為力——據說，西元前681年至669年統治新亞述帝國（Neo-Assyrian Empire）的阿薩爾哈東王（King Esarhaddon）曾使出如此下下策。阿薩爾哈東極為害怕月食，於是他讓一名替代國王（從囚犯或心智有疾者中挑選）登基，當幾天國王，承受神怒的正面衝擊，直到事件落幕為止。事後，阿薩爾哈東處死了這人，確保所有殘餘的厄運都一掃而空。

右圖：黃道星座與其可辨識的代表符號可以回溯到古代蘇美人，後來的巴比倫人、埃及人與希臘人採納了蘇美人的符號。這塊石灰岩庫杜魯（kudurru，界石）來自西元前約1125年至1100年，上面提到9個神祇，包括太陽神夏瑪什（Shamash，以太陽的光盤代表）與17個神聖符號——據信是黃道星座，蘇美人稱之為「閃耀的獸群」（Shining Herd）。

黃裳的蘇州〈天文圖〉拓印，相當罕見。這張天文圖製作於1193年，是中國早期科學的偉大成就，原圖亡佚已數世紀，幸好王致遠在1247年將此圖刻於石碑上保存。這張星圖畫出280個星群中的1434顆星，圖説中則列出總數達1565顆的已知恆星。「太極未判，」文字一開頭寫道，「天、地、人，三才函於其中，謂之混沌。云者，言天、地、人，渾然而未分也。太極既判，輕清者為天，重濁者為地，清濁混者為人。清者為氣也，重濁者形也，形氣合者人也。」

1-3　古代中國的觀星者

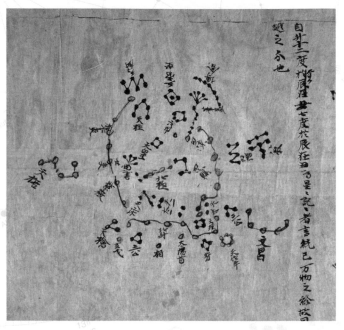

《敦煌星圖》天北極區域細部圖。一般認為,這張星圖的年代為唐中宗統治時(西元705至710年);整張星圖共記錄1300顆星。

　　遠在歐洲發展出天文學之前——其實應該說世界上任何文化發展出天文學之前,古代中國就有「曆法」與「天文」的概念了。這兩件事情都跟研究、詮釋星體與天象有關,但兩者的目的不同。研究曆法的人會解讀天象,尋找規律可預測的模式,從浩瀚的天空中汲取秩序,為「天下」建立一套框架明確的曆法。至於「天文」,則近似於古羅馬人的「prodigia」(自然界的異象,人們認為可作為神怒的預兆,見〈2-6 天空中的大海〉)。從事「天文」的人會在天空中尋找異象,記錄下來,為天象創造言語的表達方式,詮釋這些超自然訊息的重要性。

　　19世紀時,世界各國都稱中國為「天朝」,而中國的國家認同發展也確實跟「天」交織在一起。研究曆法與天文的任務是由官方負責,畢竟掌控對天象的詮釋,可是國之大事。自周代(西元前1046至256年)以降,皇帝的統治都必須得到上天的認可——稱為「天命」——並得到「天子」的頭銜。儘管新君從這種神聖的權威中得

上圖：天河（即銀河）的誕生，是中國浪漫傳說──織女（織女星）與地位卑微的牛郎（牛郎星）故事中的一部分。

左圖：玉兔轉頭看美猴王孫悟空。中國民俗傳說中，玉兔生活在月亮上。圖像的玉兔經常與杵臼一起出現，搗著要給月神嫦娥吃的仙藥（不過，在日本與朝鮮神話中，玉兔搗的是米糕）。為了紀念這段文化歷史，當代中國的太空計畫「中國探月工程」因此也叫「嫦娥工程」，其中的繞月衛星「玉兔號」已在2013年發射。

益，但風險也會隨之而來。若缺乏適當的指引，百姓便會把令人恐懼的「天文」——管它是彗星、暴雨，還是洪水——解讀成上天否定此統治者的跡象，接著就會有人造反。解讀天文的人同樣面臨巨大的風險，尤其是預測日食一事。人們相信太陽會被天空中的巨龍吞噬[5]——確實，日食的「食」字，意思就是「吃」。日食對統治者而言是極為不祥的徵兆。（我們從文獻上得知，中國占星家在約西元前20年時已經了解日食的成因。到了西元前8年，他們已經根據135個月的週期預測到日全食。西元206年，中國占星家已經能從解讀月球的運行中，預測出日食情況。）現存的史料中提到西元前2136年的日食，也提到兩名未能預測這次事件的占星師遭遇的下場：

義和尸厥官罔聞知，

昏迷于天象，

以干先王之誅。

卜筮的甲骨，西元前1600至1050年間。

數千年來，中國人研究天象的漫長科學征途始終沒有間斷。最早已知其名的天文學家是西元前4世紀的石申，他標定了現存古代文獻中121顆恆星的位置。史上最早對太陽黑子進行主動觀察的人就是石申，只是他認為那是日食。有些人把這些成就歸功於與石申同時代的甘德，但甘德另有其他令他留名後世的天文發現。比方說，他是第一個仔細觀測木星的人，提到在木星旁「若有小赤星附於其側」，天文史學者席澤宗主張這是首度有人以肉眼觀察到木衛三（Ganymede），比伽利略的發現早了千年。（肉眼確實能在沒有望遠鏡幫助的情況下看到木星最明亮的4顆衛星，但通常它們都掩蓋在木星的光芒下。）

古代文獻有許多皆已亡佚，不過中國天文研究的史料卻出奇流傳了數千年之久。最早的專門曆法記載固

甲骨的背面。

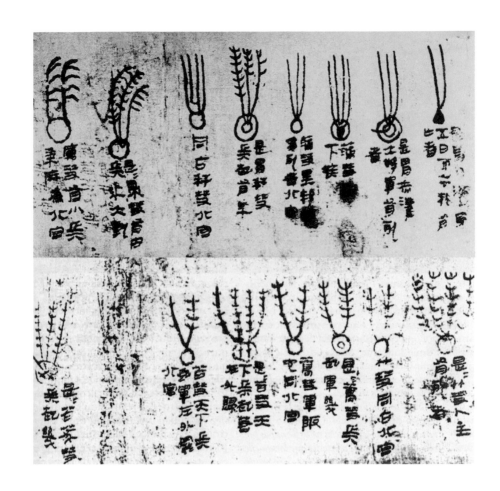

古代中國《帛書》中所繪的不祥彗星。

然可以回溯到大約西元前100年，但現存的天文現象清單卻能更往前回推千年以上。之所以能流傳這麼久，一部分是因為這些紀錄並非寫在紙上，而是刻在骨頭上。「甲骨」是動物骨頭，通常是牛骨和龜甲。卜者會先將之加熱到出現裂痕，接著解讀，進而回答從未來天氣到軍事行動結果等形形色色的問題。有時候，甲骨上也會刻下天文現象發生的紀錄。甲骨留下來的數量相當稀少，一部分是因為後人發現時，常常誤以為這些是「龍骨」——根據傳統說法，龍骨可以磨粉入藥。前一頁的甲骨是大英圖書館最古老的收藏，其上的文字約刻於西元前1600至1050年之間。上面預測接下來10天沒有厄運，背面則是某次月食的紀錄。

手稿《天文氣象雜占》（在英語世界又稱《帛書》〔*Book of Silk*〕）是較晚近（但仍相當古老）的天文文獻。

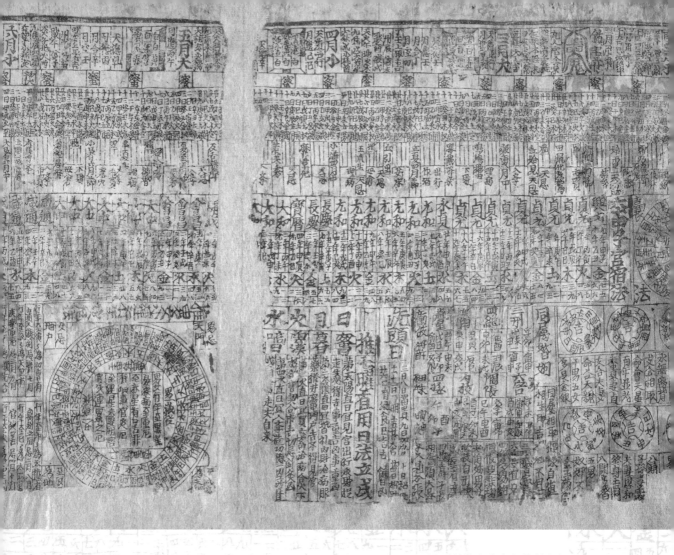

這部天文日誌寫在絲綢上，附有插圖，是由西漢（西元前202至西元9年）的天文學家所編纂。直到1973年，人們才在中國中南地區的鞍型土丘馬王堆找到這部著作。頁上是史上第一部明確的彗星圖集，詳細記錄了約300年的時間裡，從天空上觀察到的29個火光四射的物體。每一張圖片都附有對相應事件的說明，據信彗星是這些事件的預兆，例如「諸侯薨」、「有瘟」或「三年旱」。

不過，提到各文明中最古老的星圖手稿，我們就得談談人稱《敦煌星圖》（Dunhuang Star Atlas）的文獻。《敦煌星圖》卷軸長度超過6英尺（2公尺），是中國西北絲路城鎮敦煌外一處隱密的洞窟（今稱「藏經洞」）所找到的4萬件文件之一。這張星圖堪稱天文學史上最令人嘆為觀止的文獻，呈現了8世紀時皇家觀象台（遠早於望遠

敦煌文書中有著所有文明中最古老、保存最完整的星圖。這份星圖製作於約西元700年的中國，比望遠鏡的發明早了幾百年，記載北半球天空可見的1300顆星。

鏡的使用）所見中國星空上的1339顆恆星，其精確令現代研究人員驚訝不已。最讓人印象深刻的，莫過於這張星圖所使用的投影法（亦即將球體天空或地表畫在平面紙張上的方式），居然與16世紀法蘭德斯製圖家傑拉德・麥卡托（Gerardus Mercator）所發明的極為類似。麥卡托投影法至今仍為製圖師所用。將近千年時間不為人知的《敦煌星圖》是個天文學奇蹟，之所以在近代出土，完全是難以置信的偶然，彌足珍貴。西方早期完全沒有如此詳盡的星圖。

張道陵，東漢時代最早的道教宗師之一。他騎著天虎，揮舞寶劍，北斗七星（屬於大熊星座）圍繞在寶劍旁。

1-4 古埃及天文學

　　日月食對各個文化來說都茲事體大。但對古埃及人來說，他們的大地數千年難落一滴雨水，日月食的重要性完全比不上埃及當地獨有的現象——尼羅河一年一度的氾濫。傳說中，尼羅河之所以年年氾濫，是因為生命與療癒的女神伊西斯（Isis）為了她的丈夫——生死之神奧塞里斯（Osiris）之死而泣，淚水滿溢之故。事實上，尼羅河氾濫的成因是因為季風在5月至8月間，為衣索比亞高原帶來豪大雨，造成河水暴漲。尼羅河氾濫有神奇的灌溉效果，埃及人至今仍慶祝此現象，每年8月15日起會連放兩週假期，稱為尼羅河洪氾節（Wafaa El-Nil）。洪水週期相當規律可靠，而天狼星的偕日升正巧也在同時發生，埃及人因此將兩者連結起來。

　　埃及人根據這些現象，把行事曆分成三個季節：氾濫季（Akhet，洪水在此時出現）、生長季（Peret）與收穫季（Shemu）。天狼星只是這種曆法中錯綜複雜的星象基礎的其中一個成員。就我們所知，這部曆法早在古王國時期（約西元前2686至2181年）便已開始使用。埃及人把他們觀察到的星星分成「界」（decans）——36個小星座與孤星。「界」的最早紀錄，出現在第十王朝（約西元前2100年）的棺蓋裝飾上。每隔10天，就會有新的「界」偕日升，在天空上閃耀。隨著36個「界」的浮現，一年360天的日曆也於焉成形，另外再加上一個只有5天的小月，做更精確的調整。不過，這些「界」的進一步細節卻付之闕如。我們雖然知道「界」的名稱，有些名稱也能翻譯出來（例如「Hry-ib wiA」，可以解釋為「船中央」。這個名稱與沙漠、風暴與暴行之神塞特〔Seth〕有關），但不知道是哪些星星構成了它們，而它們的位置、明亮度、為何是這些星、它們與其他星星之間的關係，也沒有

任何資訊流傳下來。

然而，古代的棺槨與陵墓確實能讓我們了解，古代的埃及人如何將12顆每晚都會出現的星星，融入天空神話的宏大主題中——鷹頭太陽神「拉」在夜晚穿越「杜阿」（Duat，埃及神話中的冥界）的旅途。根據《來世之書》（*Amduat*），「拉」乘著自己的太陽船，由西而東。每天夜裡，他經過12個區域，遭遇眾多神祇與怪物，並與混亂之神——巨蛇阿佩普（Apep，亦作阿波菲斯〔Apophis〕）戰鬥，帶著新的活力，以朝陽的面目現身。從幾座古墓中找到的天文資料圖表上（今稱「星鐘」〔star clocks〕），我們發現穿越地底世界表的「拉」有12個階段，代表黑夜的12小時。搭配上以10天為一星期的相關資訊，懂得觀察星星的人可以從星鐘迅速解讀夜

一張南北天球星圖，畫出古埃及天文學家眼中的星座。1730年由科比尼亞努斯·托馬斯（Corbinianus Thomas）出版。

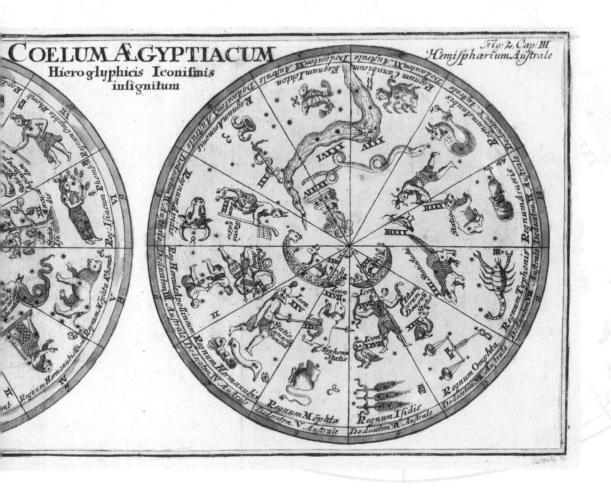

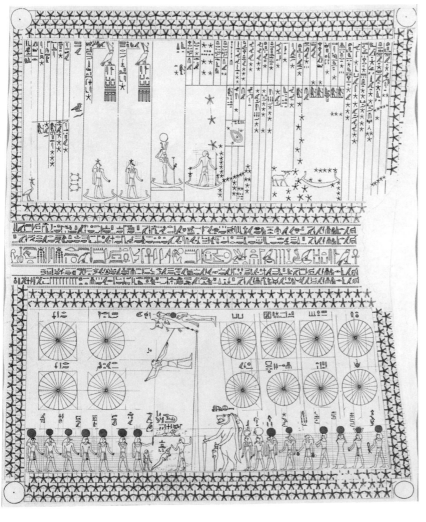

上圖：在古埃及人對銀河的描繪中，銀河經神化為多產的牛女神「巴特」（Bat，後來與天空女神哈索爾〔Hathor〕結合）。出自3000年歷史的《傑孔蘇費安卡陪葬莎草紙卷》（*Djedkhonsuifeankh*）。

左圖：天象圖解畫，裝飾於埃及建築師塞能姆特（Senenmut）陵墓的天花板（西元前1473年完工），他是女法老哈特謝普蘇特（Hatshepsut）的宰相。星圖上畫出了許多的「界」，以及其他人格化的天體。

太陽神「拉」與西方女神「阿
門提」（Amentit），畫在拉美
西斯二世（Ramses II）之妻
奈菲爾塔莉（Nefertari，約西
元前1298至1235年）的墓室
中。

空，得知當下的時間。（學界長期支持這個看法，但安大
略麥馬斯特大學的莎拉‧賽門斯〔Sarah Symons〕與北海
道大學的伊莉莎白‧塔斯克〔Elizabeth Tasker〕提出新的
看法，認為棺槨上之所以有成排的星圖，說不定是為了
幫助亡者的靈魂通過夜空，以繁星的姿態永生。）

　　北方在古埃及信仰中同樣有著重要地位。埃及金字
塔顯示出古埃及人對天體的知識，而當時的北極星——
右樞（Thuban）——正是影響金字塔建造工程的因素之
一。直到1960年代，研究人員才了解到吉薩大金字塔所
建有之「通風井」，原因不只是為了空氣循環，更是對準
了天空中特定的區域與星星。這些孔道曲曲折折，因此
目的不可能是觀星，但或許與法老死後升天有關——
埃及人相信，正北方是法老通往來生的路。古埃及人注
意到小熊座的北極二（Kochab）與大熊座明亮的開陽星
（Mizar）看似繞行天北極，有如這條路徑上的傳令使
者，因此曖稱這兩顆星為「j.hmw-sk」（字面意思是「不知

埃阿芬慕特（Aafenmut，約西元前924至889年）的紀念石板，頂上為「拉」渡過冥間時所乘坐的太陽船。

埃及天空女神努特（Nut），繪於拉美西斯六世（Ramses VI，西元前12世紀）的陵墓中。

何謂毀滅者」或「不可毀滅者」）。

　　儘管這顯示出特定恆星在古埃及信仰體系中具有重要影響力，但相較於豐富的神話材料，古埃及人顯然沒有星表，也沒有其他形式的精確觀星紀錄。鮮少有證據顯示古埃及人試圖以科學方式理解行星與其他天體的運行。對他們來說，天空只不過是揮灑神話用的畫布，也沒有計時的實際功能。不過，等到亞歷山大大帝在西元前323年駕崩，手下的將軍「救主」（Soter）托勒密一世繼位，開創埃及托勒密王朝，將亞歷山卓發展為全球科學活動前沿之後，古埃及人的知識與希臘、巴比倫天文學融合，一切將出現天翻地覆的改變。

左圖：〈丹德拉天宮圖〉（Dendera Zodiac），年代約為西元前50年。這塊浮雕來自丹德拉哈索爾神廟中奉祀奧塞里斯的廳室，是已知最早對古典黃道十二宮的描繪。巴比倫星座與埃及星座結合，位於浮雕中央，代表「界」的36位人物則排列於圓周。

下圖：塞提一世（Seti I，西元前1294至1279年在位）陵墓中作為裝飾的天文場景，上面出現的星座與其他古代文化皆不相同，只有位於中間的公牛與手把可以看出是大熊星座（北斗七星）。墓中別處則繪有「開口」儀式——一種施法讓亡者的靈魂可在來生吃喝的儀式。

上圖：太陽神荷魯斯（Horus）
的右眼據信就是太陽，而祂的
左眼──也就是圖中丹德拉哈
索爾神廟天花板上的眼睛圖
案，則是月亮。這幅畫描繪的
是象徵化的月亮盈虧；荷魯斯
在與塞特（Seth）的戰鬥中失
去左眼之後，托特（Thoth，最
右邊）治癒了祂。經過14天之
後，月亮回歸完滿。這一列14個
神祇代表循環中的每一天。

右圖：大衛·羅伯特（David
Robert）1848年所繪的丹德拉
神廟。

1-5 古希臘人

在英語中（其實不只英語，世界上許多其他語言也是），銀河系又叫「乳汁之路」（Milky Way），其典故來自古希臘神話中大力士海克力斯（Hercules）的故事。天后赫拉（Hera）答應為這半人神嬰兒哺乳，但海克力斯一口咬下時，赫拉卻因為痛而推開了他。她的乳汁撒在天空上，形成了銀河。這段以觀察為根據的神話固然與其他古代文化的神話相去不遠，但古希臘的自然哲學家（至少從西元前6世紀起）便跟同時代的其他人不同，把心力擺在解答「宇宙理論結構」的問題上。什麼樣的模型，才能對天體運行有合理的解釋？

希臘版的宇宙，出自歐宏斯·芬恩（Oronce Fine）的《地球》（Le Sphere du Monde, 1549）。

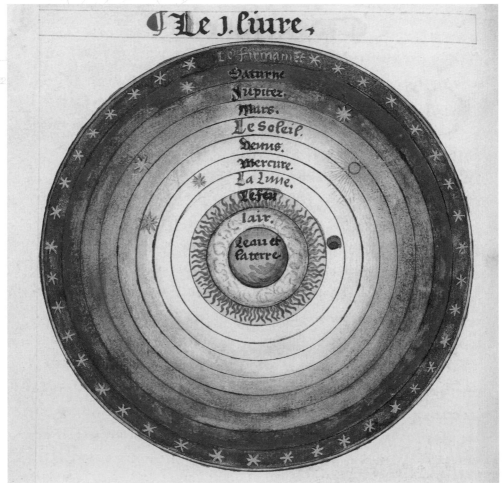

安提基特拉機械（製作於西元前約150年）現存最大的零件。這個繁複的鐘表機械據信是古代的類比計算機，供預測天體位置與食相等曆算之用。安提基特拉機械背後的科技已經佚失，直到14世紀歐洲出現鐘表之後才再度問世。

　　由於沒有古希臘天文學星圖或理論圖傳世，如果要探究這種思想的早期階段，我們便必須先從最早的希臘文學作品中尋找有關宇宙的玄思冥想。荷馬的《伊利亞圍城記》（Iliad）據信在西元前8世紀時形諸文字。在《伊利亞圍城記》中，我們找到了瑣碎但迷人的資料，例如把大地比為有如阿基里斯（Achilles）之盾的平坦盤狀，另外還有巨河歐開諾斯（Oceanus）——包括水在內的萬物之源與「眾神之父」——環繞著整個世界的描述。荷馬還提到「秋星」（天狼星，夜空中最明亮的星）、畢宿星團（Hyades）與昴宿星團（這兩個星團構成今人所說的金牛座）、獵戶座、大熊座（又名馬車座），還有晨星與暮星——這兩顆星很可能都是金星。據說，當夜晚即將結束時，這些天體會再度沉回歐開諾斯。《奧德賽》（Odyssey）將天空描述成青銅或鐵做成的穹頂，布滿星辰，由巨柱支撐。雖然天有固定的形狀，但無法到達。「奔過天空」的太陽神赫利俄斯（Helios）會跨越這個巨大的穹頂。

　　西元前4世紀，亞里斯多德以批判性的視野，檢視今已亡佚的若干早期思想家的著作。透過他的分析，

前蘇格拉底時代的哲學家，也是古希臘七賢之一的米利都的泰勒斯，因為太專心看天，結果跌倒摔進井裡。出自安德烈亞·阿奇亞多（Andrea Alciato）的《徽章集》（*Emblematum liber*, 1531）。這則佚事成為伊索寓言中「掉進井裡的占星家」的靈感來源。

我們得以了解西元前6世紀四名最有聲望的人物——米利都的泰勒斯（Thales of Miletus）、阿那克西曼德（Anaximander）、阿那克西美尼（Anaximenes）與畢達哥拉斯（Pythagoras），是如何分析天空的。亞里斯多德認為泰勒斯（約西元前624至546年）是伊奧尼亞（Ionia）自然哲學學派的始祖，他根據對物質世界的知識，從神話出走，邁向理論，因此獨樹一幟。事實上，拒絕用「諸神的意志」作為解釋一切的方式，正是伊奧尼亞人與其他早期文化看待天文時最關鍵的差異。對泰勒斯而言，他對天界的知識既是恩賜，又是重擔。有個故事是，泰勒斯利用星辰，預測橄欖大豐收的季節。他預先包下米利都與附近愛琴海島嶼希俄斯（Chios）的每一架榨油機，成為巨富。此舉堪稱商界最早的壟斷。

另一起事件可就沒那麼幸運了。他有一回在散步時抬頭看星星，看得入迷，結果直接掉進井裡，讓一位目睹過程的色雷斯（Thrace）奴隸女子樂不可支。根據古希臘史家希羅多德（Herodotus）在《歷史》（*The Histories*）中

的敘述，泰勒斯是史上第一位成功預測日食的人——這次日食發生在西元前585年5月28日，這件事打斷了當時正在交戰的米底亞人（Medes）與呂底亞人（Lydians）。日食令兩軍大駭，旋即商議休戰。（由於天文學家能精準推算出歷史上曾發生日食的日期，以撒·艾西莫夫〔Isaac Asimov〕因此把這場戰爭稱為有精確日期的最早史事，而泰勒斯的預測則是「科學之誕生」。）

泰勒斯兩位名聲最響亮的傳人，各自用自己的理論發揚他的構想。阿那克西曼德（約西元前610至546年）相信幾何是宇宙的律法，而地球則安穩居於宇宙中心。他開創了「無限」（apeiron）的概念——根據這種宇宙論，萬事萬物都源於某個無窮的原初混沌，新世界誕生於此，並且之後消失於這個飢餓的永恆。眾星是由空氣與火構成的旋轉火輪，吐出火焰，而地球本身是圓柱體，人類高踞於頂上平坦的一端。阿那克西美尼（約西元前585至528年）對宇宙有類似的觀點，但他將泰勒斯所提出、阿那克西曼德所推廣的觀點進一步發展，認為宇宙追根究柢是由物質所組成的。他的前輩們認為這種物質是水（這種想法可回溯到巴比倫人在《天之高兮》中提到的以水為主角的起源神話），但阿那克西美尼卻主張宇宙的共同元素是氣體，氣體濃縮後就成了天體。

接著是畢達哥拉斯（約西元前570至495年）。雖然

亞里斯多德固然證明地球不是平的，但這種想法仍然留在某些奇特的想法中。比方這張由奧蘭多·佛格森教授於1893年製作的地圖。這個扁平四方的「地球」完全是以《啟示錄》第七章第一節「地的四角」為根據。為了證明地球處於靜止狀態，佛格森在地圖右緣畫了漫畫，上面的人抓著飛速前進的行星，藉此挖苦：「這些人（腦子裡面）正以每小時6萬5000英里〔10萬4600公里〕的速度繞著地球中心飛行。想想這速度有多快！」

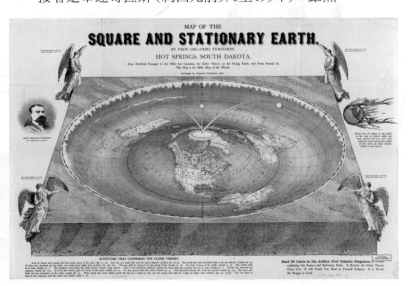

第1章 古代的天空　49

Pythagoras.

Fabe

所有關於畢達哥拉斯的傳說中，最詭異的或許莫過於他對豆子的深惡痛絕。這張約1512年所繪的插圖，就是在談這件事。據說，這名哲學家禁止門徒吃這種植物，原因是怕放屁，從而失去一部分的靈魂。造化弄人，一群暴徒在某個晚上襲擊畢達哥拉斯，追著他到一處豆子田。他不願意踏進去，進退維谷，於是追兵就這麼把匕首扎進他身體。

他的名聲至今依舊響亮，但我們對出生於希臘島嶼薩摩斯（Samos）的他其實所知不多。至少自西元前1世紀以來，人們便把冠上「畢達哥拉斯」之名的幾何定理歸功於他（但其實在他之前就已經有人發現了），據說他為了這項發現，宰了一頭牛獻給眾神。從畢達哥拉斯的教誨而誕生的世俗崇拜派系，相信數學是自然的語言，是他們的創始人注意到鐵匠使用不同大小的槌子，敲擊出不同「音符」時，從中悟出的道理。這種說法錯得離譜，因為槌子的大小不會像比如鋼琴的琴弦那樣，對音高有所影響。但這個故事仍足以表現畢達哥拉斯學派的理念，認為數字是有序自然界的共通語言，與各個組成部分和諧相處，就像生物體。這種數學哲學認定「球形」是自然界最完美的形狀，學派中人把這種理想型態賦予世界與天界。究竟是什麼樣的論證與證據，讓他們得出這樣的

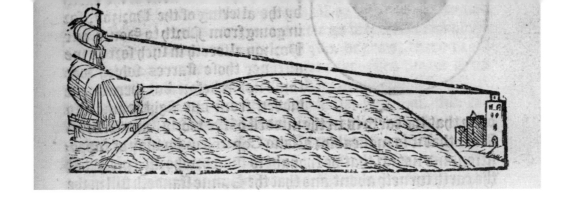

地球是圓的。其中一項清楚證據，就是當船隻從遠方駛來，會先看到船頂，接著才會看到整艘船。這個觀念以插圖的形式，出現在歷史上各種天文學文獻中。此圖摘自湯瑪斯·布倫德維爾（Thomas Blundeville）的《布倫德維爾先生教材》（*M. Blundeuile His Exercises*, 1613）。

結論？我們不得而知，但他們的想法得到水手的觀察所證實：船隻南北穿梭，可以看到的星星也隨之改變，這證明世界的表面是彎曲的。後來，亞里斯多德以月食為證據（見附圖）來證明世界是球體，指出大地在月球表面上投下的是圓形的影子，此時「球形大地」已經為主流所接受。如今有許多人以為當時的主流看法是「世界是平的」，但事實並非如此。

《寰宇地理》（*Universal Geography*, 1711）的插圖，説明亞里斯多德以月食時顯現的是地球的圓影，來證明地球是圓的（此外還説明為何地球不是三角形、四角形或六角形）。

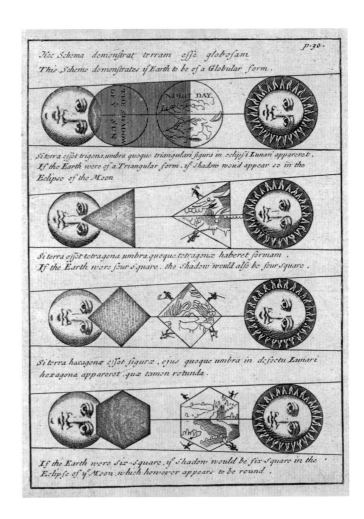

1-6　層層天球

　　為了解釋宇宙結構，希臘人採用「地球」的觀念，並按照相同邏輯往外延伸——一重重的天界同樣是球狀的。「造物者將世界塑造成圓球形」，柏拉圖如是說，「……並且創造了單一、球狀的宇宙，讓宇宙旋轉。」亞里斯多德在少年時期便就讀柏拉圖在雅典的學院，並在學院中留到37歲。他也認為宇宙是個球體。現代天文學家如今得面對「外太空」的邊界問題，亞里斯多德在當時則得處理「天空由何處始」的問題。他在平坦的大地

切拉里烏斯製作的地圖。他試圖以立體方式呈現行星軌道。希臘人相信，行星的運行足以證明有形的球體存在，載著天體移動。傳統平面式描繪的托勒密體系畫在左下角，而第谷·布拉赫的想法則畫在右下角。

亞里斯多德的四元素，摘自英格蘭人巴索羅謬（Bartholomaeus Anglicus）的百科全書著作，《事物之性質》（*De proprietatibus rerum*, 1491）。

與完美幾何型態的天界之間清楚劃出界線。根據他的理論，前者以四種元素構成，混亂且非永恆，而後者則是由稱為「以太」（ether）的「第五元素」（quintessence）所組成的。天空上出現的每一種不規則異常現象，都可以用跟地上的關聯來解釋：例如彗星，就是從地面上影響上空的事件，大地的吐息在空中產生了火焰。亞里斯多德在《天象論》（*Meteorology*）中表示，同樣的邏輯也能解釋極光等光學現象與銀河的存在。

柏拉圖呼籲同時代的人解開行星運行模式之謎，這項挑戰後來由年輕的當代數學家克尼多斯的尤得塞斯（Eudoxus of Cnidus，約西元前400至347年）承接了下來。尤得塞斯用一種簡單的方法，拆解了各式各樣、困難重重的行星運行：他加上一層層的球體，一層包著一層。他將當時已知的每一個行星都跟四個旋轉的以太球體搭配，而每一個球體各自影響行星的其中一種運行方向，藉此解釋令人費解的行星逆行，以及行星每天、每年的位置變化。太陽與月亮則各自與三個以太環搭配，而眾星則由最大的以太環所乘載。簡言之，尤得塞斯的天空是由27重的同心球體所組成的。若要清楚理解這種多球體概念，你不妨想像一顆透明水晶球，包著一顆稍微小一點的透明水晶球，裡面又包著一顆更小的水晶

摘自彼得羅斯·阿皮亞努斯的《宇宙學》（Cosmographia, 1524）一書中的木版插畫，是從柏拉圖與克尼多斯的尤得塞斯的著作中，所發展出的同心球地心說模型。

球⋯⋯以此類推。這一套一個包著一個的水晶球就彷彿一組俄羅斯娃娃，每一個水晶球的外殼都載著一個天體。球體愈大、愈外層，承載的行星距離地球愈遠。地球位於這台重重透明旋轉球體模型的中央，人類抬頭上望，視線穿透這種旋轉的宇宙機制。

　　這套非凡的宇宙結構球體想像，因為亞里斯多德的擁護而更形鞏固（他把球體數量擴增到55個），長久流傳下來。他確信，任何永動的事物必然是永遠受外力所驅動。為此，他把所有天體運行的宏大場面，歸功於某個神祕的「始動者」（primum movens）──一股無形的終極力量。當然，這種看法與後來基督教的上帝觀能完美吻合。

　　尤得塞斯的原典已經亡佚，但幸虧經過希臘教育詩人索利的阿拉圖斯（Aratus of Soli）之手筆，以改寫的形式流傳下來。西元前276至274年間，阿拉圖斯將尤得塞斯的散文，改寫成732句的六音部格律詩，也就是廣為流傳的天文詩《物象》（Phaenomena）。這部作品極為重要，譯為拉丁文與阿拉伯文（希臘文的詩鮮少有機會如此跨文化，這首是其中之一），一直傳鈔到中古時代。（甚至連《聖經》中都能找到《物象》的句子。在《使徒

尤得塞斯成就斐然，學界認為他創造了史上的第一個天球儀，只是今已不存。此圖為現存最古老的天球儀——「法爾內塞的阿特拉斯」（Farnese Atlas）雕像，希臘神話中的泰坦巨神把天球扛在自己背上。據信這座雕像受到尤得塞斯與西元前2世紀天文學家希帕求斯的著作之影響。

行傳》第十七章，使徒保羅前往雅典時曾引述《物象》的內容。）《物象》介紹、描述了各個星座，以及各星群在天空中起落的規則，使讀者得以在晚上得知時間。詩中還詳述了尤得塞斯的球體結構、黃道路徑，以及預測天氣的方式。但阿拉圖斯並非科學家，他在這首詩開頭幾行主張萬物最終都是宙斯的創造。這首詩之所以引人入勝，廣為流傳，說不定正是因為這種用神話傳說與文學魅力，軟化了天文學資料的關係。

《物象》並非毫無錯誤。其實，偉大的天文觀察家希帕求斯（Hipparchus，西元前162至127年，公認的三角學奠基者），便在他現存唯一傳世的著作——《尤得塞斯與阿拉圖斯〈物象〉之評註》（*Commentary on the Phaenomena of Aratus and Eudoxus*）一書中，指出《物象》在天文方面的錯誤，並批評阿拉圖斯與尤得塞斯對星座的描述。列舉希帕求斯的成就，可以讓我們稍微了解希臘天文學吸收上古巴比倫觀察法之後，此時所經歷的深遠轉變。希帕求斯顯然是因為懷疑某顆星已經出現了無法解釋的位移，因此在西元前129年集成西方天空的第一部綜合星表，以確保後代子孫能一表在手，驗證其他任何同類的位移現象。他根據亮度，將星星分為六等，從而發明最早的視星表——現代天文學依舊使用這套制度，只不過更為精確。

除了發現新星（nova）之外，希帕求斯也是咸認發明預測日食可靠方法的第一人，並利用巴比倫人的數學方法和天文紀錄，設計出現存最早的量化模型，觀察太陽與月亮的運行。不過，他最有名的發現，還是分點歲差（今人通常稱之為「地軸歲差」）——對於在地球上觀星的人來說，天空會出現可以觀察到的緩慢旋轉，一圈歷時大約為2萬5772年。希帕求斯估計，天球會以1世紀1度的速率轉動——實際數字是每72年1度，但這對於如此驚人的早期天文學發現來說，並不會減損其偉大分毫。

射手座與摩羯座，橘點為其恆星。摘自11世紀中葉製作的西塞羅《阿拉托亞》（*Aratea*）手稿。西塞羅的這部著作，是以詩體翻譯阿拉圖斯的《物象》而成。

1-7 　托勒密的宇宙

指著繁星的克勞狄烏斯‧托勒密。

　　經歷了一段堪稱天文學研究的黑暗時代之後，我們
終於在300年後，隨著數學家、地理學家兼天文學家克
勞狄烏斯‧托勒密（Claudius Ptolemy，約100至170年）的
著作，迎來穩固的文獻立足點。透過托勒密的著作，我
們得知亞歷山卓的學者推崇希帕求斯為「熱愛真相的
人」，也是對托勒密來說最重要的先行者。托勒密在其
巨作《天文學大成》（*Almagest*，約150年）中融入這位尼
西亞人的太陽運行模型（而且絲毫未改），提出自己原
創的計算，發現地球的軌道必然是非正圓，以此解釋季
節長短的變化。托勒密還將希帕求斯的星表從850顆星，
擴展到1022顆星，應用座標，並納入可見的星雲。他的48
星座在超過千年的時間裡，都是天文學的權威基礎，直
到17世紀初為止。《天文學大成》是數世紀以來人們對

The UNIVERSE after COSMAS 550.

航至印度者科斯馬斯（Cosmas Indicopleustes）出身亞歷山卓（托勒密的故鄉），這名希臘人原本從商，後成為隱修士，大約在西元550年過世。科斯馬斯根據自己的旅行經驗與基督教信仰，畫了許多的地圖。這張地圖表現神學中的説法：宇宙的形狀是個巨大的箱子，上方有弧形箱蓋，整體就有如上帝在地上的居所──會幕（tabernacle）。

宇宙的觀測與認識之集大成，為預測行星運行提供有效的幾何模型，而且準確程度令人印象深刻。書中的星表對嚴謹的天文學家與占星師都極為有用。

托勒密固然不像前輩學者一樣提出自己的一套完整宇宙體系，但他卻能在後來的著作《行星假說》（Planetary Hypotheses）裡，根據行星位於地球上方的高度，將各行星天球層與自己的計算相結合，畫出一幅托勒密式的宇宙圖像。[6] 托勒密據此計算行星與地球的距離，我們也因此看到歷史上第一次有人以數學方法測量宇宙的大小。他認為地球的半徑大約為5000英里（8500公里），並以此為一宇宙單位。他表示，地球跟月球距離約30萬英里（48萬公里），與太陽距離500萬英里（800萬公里）。（地月距離實際數字為平均38萬4500公里，而地日距離則是大約1億4800萬公里。）為了符合尤得塞斯的層層天球論，他把最遠的星球層（starry sphere）擺在約1億英里（1億6000萬公里）之外，而這就是宇宙的半徑。

也就是說，托勒密球形宇宙的直徑約為2000億英里（3200億公里）。對現代天文觀察者來說，這個數字看起來相當微不足道（土星在近地點時，大約距離地球7億4600萬英里／12億公里），但這對前哥白尼時代的人來說已經是極大的數字。與此同時，天界也確立為範圍有限，且具有幾何秩序的領域。至少還得再過1300年，這個以地球為層層天球之中心的托勒密模型，才會在16世紀的哥白尼天文革命時受到挑戰。

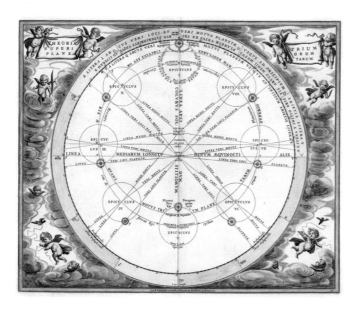

上圖：切拉里烏斯繪製的地圖，畫出了古代的「本輪」構想。根據托勒密的模型，為了解釋行星與月球軌道為何與正圓形路徑不符，就必須引入本輪的概念，而本輪則沿著更大的圓形軌道——稱為「均輪」——繞行地球。

右圖：〈托勒密天球圖〉（Planisphaerium Ptolemaicum...），安德烈亞斯·切拉里烏斯於1661年所繪。圖上畫出托勒密的地心說模型，行星則以駕著戰車、繞著軌道競跑的眾神為代表。

1-8 耆那教的宇宙

對頁圖：這張耆那教宇宙圖製作於大約1850年。自西元前4世紀開始，希臘、巴比倫、拜占庭與羅馬天文學的元素開始傳播到印度，讓當地的宇宙學從該圖中所表現的傳統，轉往實際觀測發展。古印度的耆那教發展於恆河流域，時間約為西元前7至6世紀，其宇宙學在諸多古代宗教中可說是格外複雜——甚至可說是先進。對耆那教來說，宇宙是個沒有主宰之神的無限體系，其形狀有如細腰的人攤成個「大」字。宇宙由六種實體所構成：「命」（jīva）、「補特伽羅」（pudgala，無情之物）、「法」（dharma，運動條件）、「非法」（adharma，靜止條件）、「阿迦奢」（ākāśa，空間）與「迦羅」（kāla，時間）。像對頁的這種耆那教宇宙圖便描繪出了這種宇宙觀，天界位於上方，陰間地獄則位於地界下方。據估計，耆那教在今天有超過700萬信徒，包括維克拉姆·薩拉巴伊（Vikram Sarabhai，印度太空計畫之父）與塞特·瓦占·希拉占（Seth Walchand Hirachand，亞洲最大航空公司HAL的創辦人）。

右圖：耆那教傳統中，以張開雙臂的男子表現宇宙。出自17世紀室利旃德拉（Śrīcandra）所著的《詩中瑰寶》（Saṃgrahaṇīratna）。

2 中世紀的天空

從西方天文學發展的時間軸來看，2世紀問世的托勒密《天文學大成》標誌著一段衰落期的開始。雅典的文化黃金時代早已遠去，也沒有任何足以與托勒密的科學成就相媲美的偉大天文學家出世。隨著歐洲進入中世紀早期，無法修復的裂痕也同時出現在整個即將崩潰的羅馬帝國。

歷史上，人們把這段時期貼上「黑暗時代」的標籤，但這個詞是有問題的，讓現代中世紀史家為此耗費大量時間努力駁斥。將中世紀視為「發展停滯的時代」這種想法，源自14世紀羅馬詩人佩脫拉克（Petrarch），他用偏頗的態度，將之描述成一段羅馬的無上輝煌遭到剝奪的時期。事實上，「黑暗時代」一詞源自拉丁文saeculum obscurum，是羅馬天主教樞機主教凱薩·巴隆尼烏斯（Caesar Baronius），在大約1602年所創造的說法。

必須說明的是，巴隆尼烏斯採用這個詞，是專指10至11世紀之間缺少文獻資料的情況，而不是輕貶整個時代。事實上，他還特別指出這個「黑暗時代」已隨著教宗額我略七世（Gregorian VII）在1046年展開的改革而結束了——從這一年起，文字資料傳世的比率大幅提升。

由於中世紀流傳下來的文本少之又少，現代的歷史學家因此難以一窺堂奧，但古代的重要著作倒是因為一套別出心裁的文化傳播體系而撐了下來。羅馬衰亡之後，許多希臘著作與其中的科學知識傳到了拜占庭的圖書館。（拜占庭是希臘殖民地。4世紀時，在羅馬皇帝君

對頁圖：古希臘天球觀與基督教信仰結合，圖上有天使因失去恩寵而墮落為地獄的惡魔。出自《內維爾·霍恩比的時禱書》（Neville of Hornby Hours）手稿，製作時間約在1325至1375年之間。

> 我記得久遠以前降生的巨人；我記得九界。
>
> ——女預言家的預言，摘自 14 世紀冰島的《豪克之書》（*Hauksbók*）

士坦丁一世〔Constantine I〕統治下改名為君士坦丁堡。）這些閱讀空間如今都已消失，但據說它們可是優美的學術庇護所。例如7世紀時，由君士坦丁堡牧首塞爾吉烏斯一世（Sergios I）所興建的圖書館，便是當代詩人口中的「精神牧草地，讓靈魂的芬芳充滿大地」。（可惜，這片「牧草地」分別在西元726年與790年兩度遭逢祝融。）不過，對於這些著作，以及其中的新理論、新方法最為求知若渴的，則是更遙遠的東方。古希臘文獻幫助東方的科學發展大大超越中世紀早期的歐洲，創造力的迸發讓伊斯蘭文化在8至14世紀的黃金時期開花結果。

〈阿斯嘉的騎行〉（Asgårdsreien, 1872），彼得·尼可萊·阿爾波（Peter Nicolai Arbo）繪。這張巨幅畫作描繪北歐神話中的「狂獵」（Wild Hunt），也就是北歐眾神與亡魂的行列，在仲冬的恐怖戰事中衝鋒過天空。這個主題出現在歐洲各地的民間傳説裡，在雷聲隆隆時激發人們的想像力。

2-1　伊斯蘭天文學崛起

　　西元641年，伊斯蘭哈里發的部隊席捲了埃及口岸亞歷山卓的防禦工事，控制了這座城池。儘管換了主人，但這座城市所發揮的功能與過去拜占庭統治時並無二致——四處都能聽到流利的希臘語、科普特語和阿拉伯語，對於醫學、數學與煉金術的研究依然發展飛快，這座飽學之城一如往昔。阿拉伯人在這個伊斯蘭學術世界茁壯成長的時代無縫接軌，承擔了保護學術重鎮亞歷山卓的責任，護衛著它的物質遺產。

　　早在先知穆罕默德在約西元570年誕生於麥加之前，希臘與其他西方科學文獻的價值便已人盡皆知。4世紀時，埃德薩學校（School of Edessa，世界上最早的大學之一，位於今天的土耳其城市烏爾法〔Urfa〕）便在基督徒敘利亞人聖愛弗冷（St Ephrem the Syrian）的主持下展開翻譯工作。埃德薩學校於489年閉校，一部分的教員遷往伊朗的貢迪沙普爾（Gondishapur），讓當地在接下來數世紀間成為將希臘文翻譯為敘利亞文的重鎮。先知穆罕默德辭世後，伊斯蘭信仰隨著伍麥雅哈里發國（Umayyad Caliphate）對伊斯帕尼亞（Hispania）的征服行動，如野火般傳遍北非、西班牙與葡萄牙。762年，阿拔斯哈里發國（Abbasid Caliphate），也就是繼承了先知穆罕默德的第三個哈里發國，在底格里斯河（Tigris）西岸興建了新首都巴格達——直到10世紀，巴格達都是世界第一大城。阿拔斯宮廷渴望透過古典文獻豐富其文化，巴格達與貢迪沙普爾的基督教學者們近在咫尺，宮廷也因此得償宿願。兩者的接觸，讓來自希臘、波斯、埃及與印度的古典智識瑰寶更容易積累。阿拔斯學院智慧宮（House of Wisdom）在9世紀成立，古代經典也隨著希臘語與敘利亞語譯者的辛勤工作而化為阿拉伯語。不久後（多少有些出人意料），阿拉伯語也因為這種伊斯蘭宗

對頁圖：阿姆拉要塞（Qasr Amra）中的濕壁畫。這座廢棄要塞位於今日約旦境內，是伍麥雅哈里發瓦利德二世（Walid II）下令，在723至743年間興建。據信，這幅壁畫是現存最早的畫在不平坦表面上的夜空畫。古典黃道十二宮依稀可辨，根據逆時針方向次第繪製，其位置彷彿是從天球之外觀看。這一點與「法爾內塞的阿特拉斯」天球儀（見頁55）相符，暗示了這幅獨一無二的伊斯蘭創作，或許受到來自外部的古典文獻所影響。

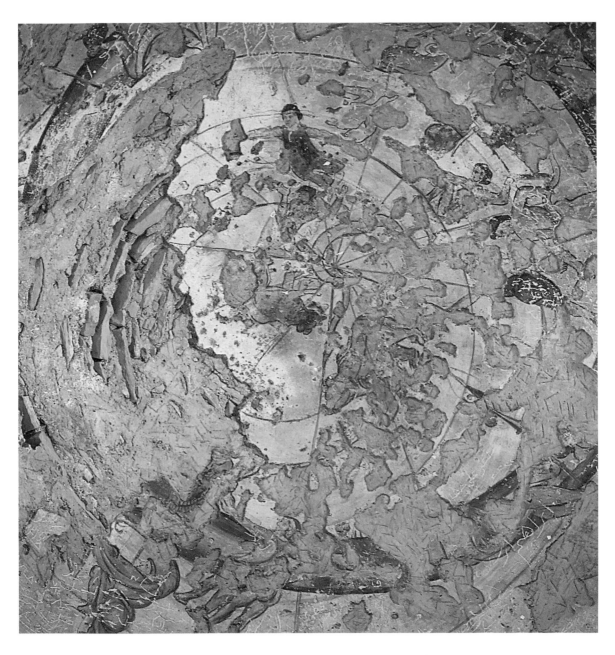

教網路的緣故，成為科學界的國際語言。

　　大約有一萬部阿拉伯語、波斯語或突厥語的天文學手稿從中世紀流傳至今，這可是很大的數量。雖然其中許多著作數世紀以來都靜靜躺在世界各地的藏書架上，但大英圖書館等機構所進行的數位化工程卻能為我們提供實例，了解9世紀以降的伊斯蘭天文學家面臨哪些重要議題。首要的挑戰，在於如何讓新的科學不會跟

先知穆罕默德的教誨有矛盾，尤其是伊斯蘭曆法上。與其他文化不同，伊斯蘭曆法希吉拉曆（Hijri）歷來皆是以月相為基礎的陰曆，以354天或355天為一年。有證據顯示，在伊斯蘭信仰出現之前，中阿拉伯地區的人會以閏月的方式調整，與季節同步。但在先知穆罕默德的時代之後，這種置閏的方式就遭到禁止。（由於一年少了11至12天，伊斯蘭曆法中的事件〔例如齋戒月〕便不會有固定的時間，有可能發生在一年中的任何時節。）傳統上，每一個月的開始不是經由計算得出，而是來自觀天，看新月的月牙何時出現在夜空。對於這種定月方式來說，天氣顯然是個干擾，而且不同城鎮會在不同時候開始計算時間，端視天空是否多雲。天文學家面臨的問題還有「如何得知每日五次禮拜的精確時間」，以及如何在禮拜時指出基卜拉（kiblah）——面對麥加天房卡巴（Kaaba）——的方向。[7]

為了化解這些困難，人們創造了「星曆」（zij），讓有志者能有所依循。星曆是種天文學手冊，內容是摘自托勒密《天文學大成》與其他希臘、印度文獻中的星辰資料。如果想計算太陽、月亮、恆星與行星在天球上的位置，或是想知道這些星體在每一個月第一次出現的可能時間，只要參考星曆就可以了。星曆的準確度受限於特定緯度，而且經常得根據更新的資料重新計算，以抵銷分點推移的影響（對地球上的觀星者來說，星星的位置會漸漸改變）。從星曆的數量之眾，可以看出天文學在8世紀與9世紀時有多麼重要。9世紀的穆斯林天文學家哈希米（Al-Hashimi）在《星曆原理》（*Explanation of Zijes*）一書中明白指出，天文學家必須在科學與宗教之間保持微妙的平衡，淡化以印度文獻為基礎的星曆所帶有的超自然「預言」面向——顯然是因為他知道「預測未來」有悖伊斯蘭教義，畢竟《古蘭經》上說只有真主能看見未來。（但哈希米主張，星曆在數學上的可推導性是可以安心參考的。）

2-2　星盤的發明

托勒密的著作及其先進的行星模型，為近代早期的伊斯蘭天文學家提供革命性的幾何推導結果。不過，這些推算的效力卻仰賴托勒密所提供的數據，而這些數據對當時來說已經徹底過時。學者們渴望能改良天體資料的搜集，運用托勒密的手法進行全新的觀測，為天空創造一套前所未有的明晰紀錄（而最終得以製作天體圖）。

伊斯蘭天文學家用「星盤」——中世紀天文學最重要的實用工具——來應對這個挑戰。星盤是一種手持的天文觀測裝置，源於古代，托勒密對此並不陌生，而且早在西元前150年就有使用的紀錄。在星盤的各種功能當中，最重要的就屬測量天體位置的改變。（現存最古老、已知製作日期的星盤，時代則晚得多，是由10世紀伊斯蘭天文學家納斯土魯斯〔Nastulus〕所製作——見附圖。）

穆斯林天文學家將星盤發展成一種具有強大計算能力的工具，添上量角器與地平經度（由南往北看，以順時針方向測量出的地平弧角）刻度，可以用來找出太陽與恆星升起的時間，幫助安排「晨禮」（salat）時刻，並判定基卜拉。星盤以銅盤為底，上面安了第二個可旋轉、刻紋錯綜複雜的銅盤，稱為「網盤」（rete，字意為「網」）。了解這種複雜結構的關鍵，就在於從正確的角度來看。我們

年代最早的伊斯蘭星盤，用於天文觀測。根據這個鑄青銅儀器上的銘文，其製作者名叫穆罕默德·伊本·阿布杜拉（Muhammad ibn Abdallah），人稱納斯土魯斯，製作年代則落在927至928年間。

把星盤放平，盤面對著正上方，接著低頭看盤面——根據這個裝置的使用原理，我們這些觀天者就位於天北極——天球的頂部，往下看著裝置表上平鋪開來的北半球星辰。（按照這個概念，南半球的星辰「隱藏」在星盤的另一面，是使用星盤的阿拉伯人與歐洲人所無法觀察到的，因此沒有必要做出來。）星盤表面相當於把立體的天空化為平面的地圖，網盤上刻出來的各種符號，代表天空中最容易看到的恆星之位置。後來的西方發明家在星盤的外圍加上了24小時的刻度，把星盤變成24時時鐘，提升了裝置的便利性。只要把中央的指針對準黃道上（太陽以看似固定的恆星為背景所行經的路線）太陽的位置，指針就能發揮時鐘指針的功用。

使用者可以在星盤背面找到太陽黃道位置的細節，而背面則有另一個可動裝置——稱為「照準儀」的觀察棒釘在中央。使用者拿著星盤上的銅環，舉著星盤，讓星盤垂直掛著，接著轉動照準儀，直到與所觀測天體的高度一致。順著星盤上的刻度，他或她就能知道天體的相應夾角。只要運用星表，成千上百顆恆星的位置與運行都能計算出來。如此強大但簡單的工具不僅是中世紀伊斯蘭與基督教天文學家的必備品，對占星學與占星醫學也不可或缺。

左圖與下圖：星盤盤面，上面裝了網盤；星盤的背面有照準儀，以及各種測量用的刻度。

對頁圖：蒙兀兒皇帝賈汗吉爾（Jahangir），他手上拿著的可能是偉大工匠穆罕默德·薩勒赫·塔提維（Muhammad Saleh Thattvi）約在1617年製作的天球儀。

2-3 伊斯蘭天文著作傳入歐洲

　　一旦中世紀伊斯蘭天文學家有了星盤、天球儀、球形等高儀，以托勒密的指示作為穩固的基礎，新一代的學者便能用自己的觀察，為這門學科帶來貢獻。他們興建天文台，擺放大台的儀器，但這些建物通常壽命不長。比方說在1125年的開羅，法蒂瑪哈里發國（Fatimid caliphate）的宰相就被控與土星勾結而遭到處決。附近興建中的天文台因此被毀，天文學家四散各地。後來在1577年，蘇丹穆拉德三世（Murad III）於伊斯坦堡所興建的另一座天文台（完工的時間，與第谷・布拉赫〔Tycho Brahe〕在北歐興建第一座天文台的時間相仿。見〈3-2 第谷・布拉赫〉）也只存在了幾年，地方宗教領袖便說服蘇丹在1580年將之拆毀，以避免窺探天機，招惹神怒。

　　天文台傳世的比例非常之低，但伊斯蘭天文學皇皇巨作的命運就好得多了。許多著作——不只伊斯蘭天文學，還有古典希臘與印度文獻——取道穆斯林西

太陽有如駕著戰車的君主，穿越其疆土。出自阿布馬薩的《論偉大結合》（*De magnis conjunctionibus*, 1489）。這部文獻是最早將亞里斯多德的觀念傳至西方的載體。

伊斯蘭信仰中的天使，拿著天球。出自1500年代後期，伊朗西部的一份手稿。

天龍，出自札卡里亞·卡茲維尼（Zakariya al-Qazwini, 1203-1283）的宇宙學巨作《造物之奇》（*The Wonders of Creation*，約1280）。

班牙慢慢傳入西歐。比方說，這些傳入西歐的手稿中最古老的之一，就是穆罕默德·伊本·穆薩·花拉子米（Muhammad ibn Mūsā al-Khwārizmī）的《信德星曆》（*Zij al-Sindh*, 830）。花拉子米是巴格達智慧宮的首席圖書館員——順帶一提，「演算法」（algorithm）一詞的字源，就是他的名字。以印度文獻為材料的《信德星曆》在12世紀時由巴斯的阿德拉德（Adelard of Bath）譯為拉丁文，印度科學從此傳入歐洲。敘利亞天文學家巴塔尼（Al-Battani，約858至929年）的星曆則是另一部對歐洲影響卓著的著作。他精準斷定太陽年為365天又5小時46分24秒（只差了2分22秒）。哥白尼在他開創性的

擬人化的月亮，出自卡茲維尼的《造物之奇》。這本彩色的著作意在寓教於樂。《造物之奇》大約在1280年成書，探討伊斯蘭的雙宇宙觀：「看不見的宇宙」（Aalam-ul-Ghaib），凡人無法看見，是阿拉、諸天使、天堂、地獄、七重天與「聖座」（Al-Arsh）之所在；以及凡人的五感所能覺知的「可見的宇宙」（Alam-ul-Shahood）。

《天體運行論》（*De revolutionibus orbium coelestium*,1543，見〈3-1 哥白尼革命〉）一書中23次引用巴塔尼的著作，而第谷·布拉赫、喬凡尼·巴蒂斯塔·里喬利（Giovanni Battista Riccioli）等人對巴塔尼也不吝讚美。

　　另一個家喻戶曉的名字，則是阿布·馬夏爾（Abu Ma'shar, 787-886，歐洲人稱為阿布馬薩〔Albumasar〕）。阿布馬薩生於波斯的呼羅珊（Khorasan），是巴格達的阿拔斯宮廷中最偉大的天文學家。天文學家是種有風險的職業——阿布馬薩曾正確預測到一次天文事件，結果惹上麻煩，被哈里發穆斯塔因（al-Musta'in）下令鞭笞。「我一語中的，結果受到嚴屬懲罰。」阿布馬薩忿忿不平。

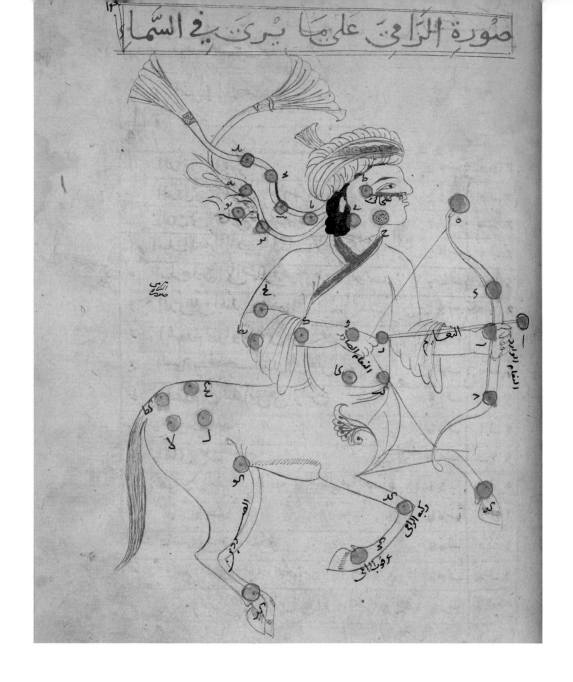

經過與哲學家阿布‧尤素夫‧肯迪（Abu Yūsuf al-Kindi）的公開辯論後，阿布馬薩花了幾年時間學習數學、天文學、柏拉圖與亞里斯多德思想，以求更能為自己的專業進行辯護。儘管阿布馬薩的手稿皆已亡佚，但中世紀穆斯林與基督教傳統中的占星師，都會鑽研他為數眾多的占星學教則（他主張人類過去與未來的事件，完全是受行星的位置所宰制）。

巴塔尼對托勒密的著作稍有修正，但最早對《天

上圖與對頁圖：波斯人阿卜杜勒‧拉赫曼‧蘇菲的阿拉伯語天文學著作——《恆星星座書》的插圖。蘇菲將托勒密《天文學大成》中包羅萬象的星表，與阿拉伯傳統加以綜合。

後頁跨頁圖：這張精美的本命盤，是為了土庫曼蒙古征服者帖木兒的孫子——蘇丹賈拉丁·伊斯坎達·蘇丹·伊本·烏瑪謝赫 (Jalāl al-Dīn Iskandar Sultan ibn Umar Shaykh) 所製作的。該圖繪製於1411年，以星盤的形式呈現伊斯坎達蘇丹出生時 (1384年4月25日) 行星的位置。圖上慷慨貼上金箔，表現出占星師對蘇丹長壽而成就斐然的一生所做的預測。

文學大成》徹底大翻修的，是阿卜杜勒·拉赫曼·蘇菲 (Abd al-Rahman al-Sufi, 903-986)，以及他所寫的《恆星星座書》(*Book on the Constellations of Fixed Stars*，約964)。蘇菲的著作將希臘星座與傳統的阿語名稱加以結合，用星等的增加與經度的再計算來解釋分點歲差，並為了清楚說明之故，為每一個星座配上兩張插圖：其一從天球外的角度來觀察，另一張則是從天球內。對當代天文史家來說，《恆星星座書》美麗動人，驚奇俯拾皆是。蘇菲提出歷史上已知對仙女座銀河系 (他稱為「一朵小星雲」) 最早的文字與圖像描述，他也是最早敘述距離銀河系約16萬3000光年的衛星星系——大麥哲倫星雲——的人。咸認他對南方天空某顆「雲狀星」的紀錄，正是船帆座的一個明亮星群「船帆座o」(Omicron Velorum)；他在黯淡的狐狸座觀察到一個「星雲狀的物體」，今人將這個星團稱為蘇菲星群 (Al-Sufi's Cluster)，又名「衣架星團」(Coat hanger asterism)。別忘了，上述所有的天文學成就，時代皆早於望遠鏡的發明。

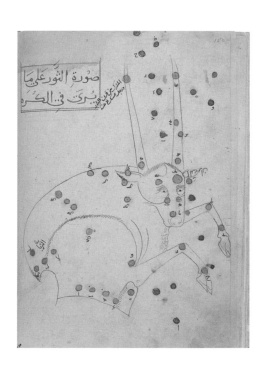

2-4 歐洲天文學

　　中世紀早期蓬勃發展的阿拉伯科學，有一部分可說是托勒密等希臘學者與印度科學文獻中豐富發現的結晶。但在歐洲，希臘的知識傳承始終未受西方人重視，直到10世紀，奧弗涅的葛伯特（Gerbert of Aurillac，後來成為教宗思維二世）等歐洲學者前往西班牙與西西里追尋阿拉伯學問的謠傳時，情況才有所改觀。以天文學領域來說，托勒密的《天文學大成》直到12世紀，才由克雷莫納的傑拉德（Gerard of Cremona，約1114至1187年）透過在托雷多（Toledo）入手的阿語版譯為拉丁文。

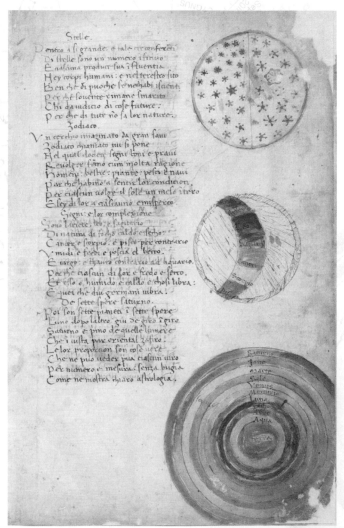

14世紀中葉的各行星。手稿的作者為義大利修士兼人文學者李奧納多・德・皮耶羅・達提（Leonardo de Piero Dati）。

切拉里烏斯製作的馬提亞努斯·卡佩拉的宇宙體系圖（但他把其觀念錯歸於阿拉圖斯）。

　　對阿拉伯科學家而言，伊斯蘭的興起一方面有助於天文學者發展知識，一方面也讓他們必須擔負起調和天文學與明確宗教框架的任務。無獨有偶，西方的思想家也試圖發展出相應的宇宙學圖像，務求與基督教會的訓誨一致。羅馬帝國在5世紀下半葉分裂，地中海世界人稱「羅馬和平」（pax romana）的相對平靜局面也隨之瓦解，這時基督教崛起，填補了權力結構的真空。由於希臘科學泰半失落，加上手邊可用的古典文獻財富不如同時代的伊斯蘭學者，歐洲人一開始只能訴諸統治權威所信奉的素材——《聖經》。西元第一千紀的宇宙圖像並

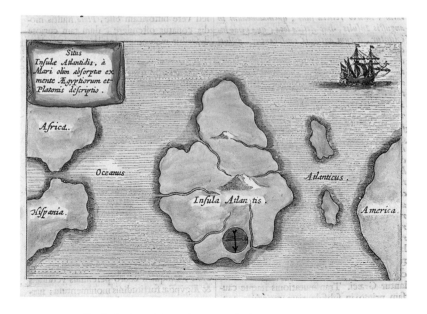

阿塔納修斯‧基爾舍的亞特蘭
提斯地圖。此傳說為柏拉圖對
話錄《蒂邁歐篇》（*Timaeus*）
中提到的諸多寓言軼事之一。

非建立在理性觀察，而是教條詮釋上。不過，人們止不
住好奇心，經上的說法顯然留下許多無法回答的問題，
少數殘存下來、從希臘文譯為拉丁文的古代著作因此
成為世俗學者的重要參考資料。多虧了4世紀的哲學家
卡西底烏斯（Calcidius），柏拉圖的宇宙學想像《蒂邁歐
篇》有三分之二流傳了下來。這部作品主要是由蘇格拉
底、蒂邁歐、赫莫克拉提斯（Hermocrates）與克里提亞
斯（Critias）等雅典要人之間的對話構成的，他們探討了
物質世界的本質、宇宙的目的與性質、世界靈魂（World
Soul，一個由存在、同一性與差異所構成的複合體）的
創生。（直到中世紀末，卡西底烏斯的譯文與詳盡評註
都很受人歡迎。）

　　在眾多知名的拉丁文著作中，另一部澆灌了中世
紀早期天文學家內心的作品，是迦太基人馬提亞努斯‧
卡佩拉（Martianus Capella，約365至440年）的《論語文
學與墨丘利的婚姻》（*De nuptiis philologiae et mercurii*）。
這部對話體寓言以阿波羅撮合語文學與墨丘利結婚為
「劇情」，是包羅萬象的古羅馬博雅教育知識文獻。這
本書對於中世紀早期學術教育結構的建立有無比的
影響力，為七種博雅教育——文法、修辭與邏輯（稱為

對頁圖：出自馬克羅比烏
斯《〈西庇阿之夢〉評註》
（*Commentarii in somnium
scipionis*）的15世紀義大利手
稿卷首插圖，畫出西塞羅和他
夢中的繁星宇宙。

三藝），以及幾何、算術、音樂和天文（稱為四藝）打下了基礎。卡佩拉對天文學有不少著墨，直到哥白尼的時代都有人不斷重申他的說法，其中之一是（哥白尼曾用有點不解的口吻提到）金星與水星近距離繞行太陽，而這三顆星則一同繞行地球──這種看法可以上溯到

朋提卡的赫拉克里底斯（Heraclides of Pontus，西元前390至310年）。此外，5世紀初住在羅馬鄉下的馬克羅比烏斯·安布羅修斯·特奧德修斯（Macrobius Ambrosius Theodosius），也在著作中提到若干源於柏拉圖、西塞羅的宇宙觀，以及畢達哥拉斯學派視數學為宇宙之根基的想法。馬克羅比烏斯的《〈西庇阿之夢〉評註》不僅是西歐拉丁語地區在整個中世紀時廣為人閱讀的材料，也是宇宙觀的結構基礎：地球位於球形宇宙的中心（大洋將地球分為四個可居地區），而七個球體行星則繞行地球，最外層則是星球層，帶著繁星沿著自己的軌道緩慢旋轉。

基督教世界的虔誠信徒和伊斯蘭天文學家一樣，面對著好幾個實際的問題。教會也透過天文學之助，在信仰與學術間達成妥協。6世紀的主教都爾的額我略（Gregory of Tours）曾提到，他從卡佩拉的著作中學習天文學，並描述一套方法，讓僧侶能透過研究星空，判斷晚禱的時間。西元725年前後，諾森伯里亞僧侶聖比德（Venerable Bede，人稱英格蘭史之父）寫了《論時間推算》（*On the Reckoning of Time*）。該書不僅為長久以來「推定復活節月圓之日的日期」的難題提供了一勞永逸的解決方式，還描述了古代的幾種曆法和宇宙觀。書中更為讀者提供不少實際的建議，例如如何透過黃道計算太陽與月亮的運行。

受到皇帝查理曼的鼓勵，8至9世紀的卡洛林文藝復興（Carolingian Renaissance）出現了一波師法羅馬作者的熱潮。不過，直到10世紀下半葉，先前提到的奧弗涅的葛伯特才前往西班牙，向伊斯蘭知識取經，對於古代知識的鑽研也才開始邁向新的發展階段。到了11世紀初，賴歇瑙的赫爾曼（Hermann of Reichenau）等學者開始以拉丁文著述星盤使用方法，馬爾文的瓦爾徹（Walcher of Malvern）等人則深入研究星盤作為食相觀察工具的用途，並質疑古典時代的作者提供的食相時間表。

對頁圖：綜觀歷史，人們經常相信星座與人體的健康密不可分，就像這張約繪製於1416年的解剖學「黃道十二宮人」。圖中，每一個黃道星座都畫在相應的身體部位上。雙魚座跟雙腳有關，牡羊座（帶有與羔羊有關的神聖聯想）則出現在頭的部位。四角上的拉丁文闡述著黃道星座的醫學特性。隨著黑死病的流行，醫藥占星也在14世紀大行其道。

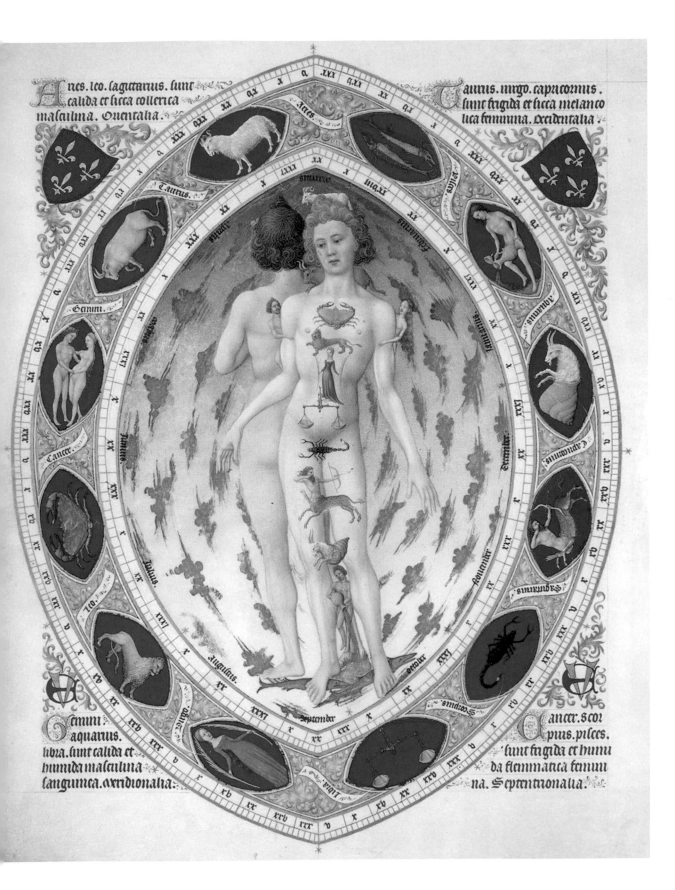

2-5　天空新研究

　　西歐在11世紀出現了重大變化。各種發展中，都市的爆炸性發展讓研究天空的場所從修道院與大教堂，轉移到新的學術中心——大學。人們可能忘了歐洲某些學術機構有多麼悠久的歷史。想想看，牛津大學成立的年代比阿茲提克文明更早，這多麼神奇。早在1096年，教學活動就在牛津鎮上展開，到了1249年更是發展成一所完整的大學，學生已經寄宿在這所學校創始伊始的宿舍——大學學院（University College）、巴里奧學院（Balliol College）與莫頓學院（Merton College）。阿茲提克文明的建立，是以墨西加人（Mexica）在特斯科科湖（Lake Texcoco）湖畔建立特諾奇提特蘭城（Tenochtitlán）為起點，但這件事情直到1325年才發生。

　　1085年，萊昂（León）兼卡斯提爾（Castile）國王阿方索六世（Alfonso VI）征服托雷多，這是基督徒軍隊首度征服穆斯林西班牙的大城市。此後，伊斯蘭與古典文獻便開始流入歐洲的學術中心。隨著伊斯蘭信仰從伊比利半島撤出，諸如克雷莫納的傑拉德等翻譯家有如餓鬼一般，湧入基督徒剛剛獲得的圖書館裡。克雷莫納迅速

對頁圖：〈軌道運行圖〉，出自一份12世紀晚期的英文手稿，作為修士們的科學教材之用。圖上呈現了比德（Bede）與塞維利亞的依西多祿（Isidore of Seville）等早期基督教作家的宇宙知識。在整個中世紀，「輪狀旋轉」一直是很受歡迎的模板，畢竟這能以簡潔的方式，以聖潔的圓形呈現複雜的資訊。

大犬座，其中的天狼星是夜空中最明亮的光點。下圖出自12世紀天文學雜文集，圖上的大犬身體寫滿了詩句，說明其神話源起。

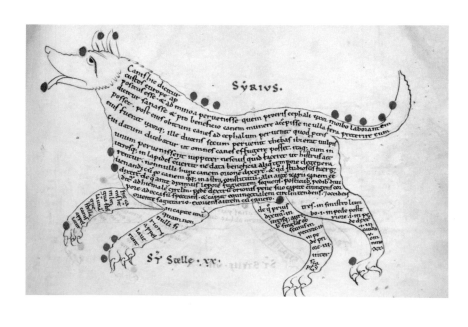

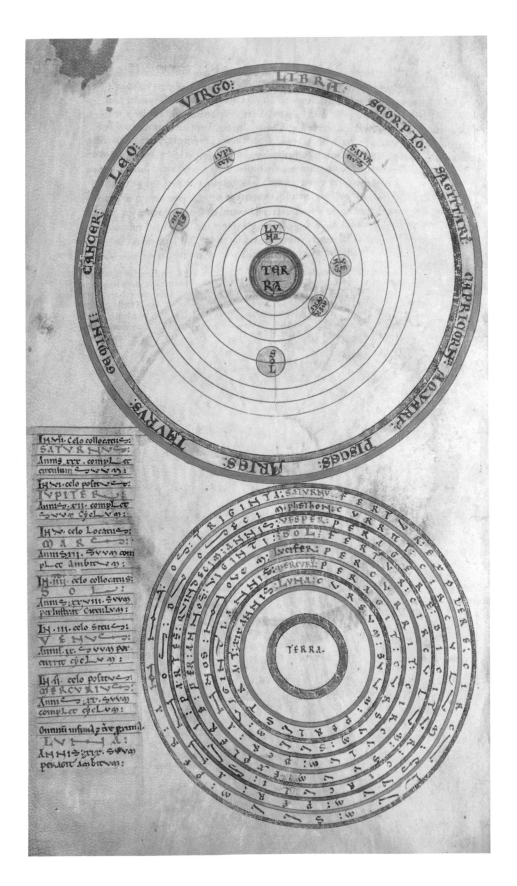

《百花之書》（*Liber Floridus*）是一部中古法文百科著作，由1090至1120年間任職於聖奧梅爾大教堂（Saint-Omer Cathedral）的教士蘭伯特（Lambert）所編纂，內容則取自過去大約192部的著作，包括塞維利亞的依西多祿的作品。精彩的附圖文字解釋了傳說生物、植物學、世界如何終結，以及此處這些12世紀天文學知識的圖表內容。

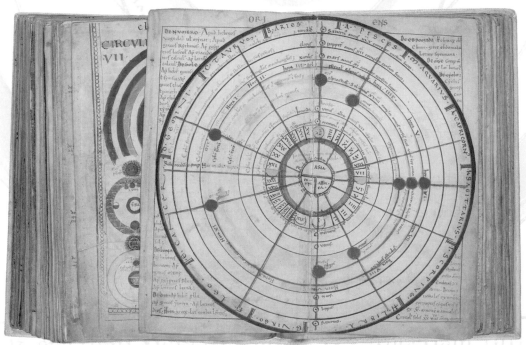

翻譯至少71部天文學著作,包括薩卡里(al-al-Zarqālī)的《托雷多星表》(*Toledan Tables*,讓人們得以預測任何時間點的行星位置),並且從阿拉伯語譯出影響深遠的托勒密《天文學大成》譯本(直到15世紀後半,《天文學大成》的希臘文原典才重新現世)。

此時的巴黎成為歐洲的學術重鎮。新譯出的宇宙學著作不斷流入,令巴黎大學的文學院樂不可支——由於宇宙學以亞里斯多德的學說(而非基督教)為基礎,因此不屬於受人尊敬的神學院科目,而是文學院的研究範圍。

有了如此豐富的古典文獻,博雅教育的權威得以鞏固。此時的學界開始呼籲褪去教會當局至高無上的權威,尤其是稱為「經院哲學」(scholasticism)的新式思想與學問,隨著學術研究從修道院轉移到大學的過程中誕生時,這股呼聲也變得特別強烈。經院哲學思潮中的關鍵人物,是義大利道明會修士、哲學家兼法學家托馬斯·阿奎納(Thomas Aquinas, 1225-1274)。他利用《聖經》與古典文獻,證明他的「自然」神學理念——上帝的奧祕與物理學、宇宙學的奧祕,都可以用同樣的理性思維來探究。

古典思想與基督教信仰的調和,讓亞里斯多德與托勒密作為學術權威的地位得以提升。此前除了《聖經》之外少有材料可以尋求答案的學者,如今都能參考他們的著作。當然,在這段前哥白尼時期,由此而來的、實實在在的科學進展仍然為數有限——人們從過往的主張中尋找答案,而非新的觀察與實際研究。何況在這個歷史階段,大學的任務是教育,而非從事研究。隨著學校的書架因為新譯本的重量而出現裂痕,學者們——例如霍利伍德的約翰(John of Holywood, 1195-1256,人稱聖林〔Sacrobosco〕)——也開始編寫摘要性的導論,以簡短、明快的方式解釋托勒密宇宙學,將學子領入知識的積累中。

不過,儘管托勒密的知名著作《球形世界論》(*De sphaera mundi*)附有同心天球圖解,但符合實際的天球圖在當時仍不存在。

對頁圖:賓恩的希爾德嘉德(Hildegard of Bingen,約1098至1179年)是日耳曼本篤女修道院院長、作家與神祕主義者。她寫作的主題涉及神學、植物學與醫學,但最知名的或許還是她得到的異象——26篇相關文章構成了她的《理解上主之道》(*Sci vias Domini*)的主軸,書中描述的宇宙狀如一顆「宇宙蛋」。「憑藉這種狀如蛋形的至高工具,」她寫道,「不可見的永恆事物才得以現形。」

2-6　天空中的大海

　　天球製圖學固然尚待發明，但亞里斯多德天球與基督教宇宙圖像的綜合，已經帶來了不得不解決的問題：比方說，這整個行星劇場的背景——星球層，是憑藉什麼力量，才會漸漸旋轉呢？根據〈創世紀〉，上帝在第一天創造了天，那星球層的旋轉跟創世的關係是什麼？還

有，同一段文字的「空氣以上的水」是什麼意思，是說把水擺在可見的天空之上嗎？

最後一個問題帶來相當有趣的字面詮釋——頭頂上有海洋。遲至16世紀的英格蘭，仍有這種神話信仰的紀錄。人們相信在天空之上有一片大海，飛船航行其間，但地上的人完全看不到。我們將回到久遠之前，追尋提到這種迷思的文獻。約翰・史鐸（John Stow）的《英格蘭編年史》（1580）曾經為莎士比亞的好幾齣劇作提供了各種點子與想像。在這部著作中，史鐸提到在1580年5月時，有一群從博德明（Bodmin）前往康瓦爾的佛依（Fowey）的乘客，目擊到天空中有一大片濃霧，「彷彿海上的大霧」，一座巨型城堡在濃霧中顯現。正當他們抬頭凝望時，一支彷彿由戰艦組成的艦隊開過他們頭頂上，後面緊跟著一列小船。船隊飛越的過程延續了將近一小時，令人嘖嘖稱奇。

這件事發生的300年之前，英格蘭人提伯利的葛瓦斯（Gervase of Tilbury）為他的贊助人神聖羅馬帝國皇帝奧圖四世（Otto IV），創作了《皇帝之消遣》（*Otia Imperialia*，約1214年）。這部又名《驚奇之書》（*The Book of Marvels*）的著作，是網羅了各種神話與傳說的雜文集，

對頁圖：〈新版基督教天球圖〉（Coeli stellati Christiani haemisphaerium posterius, 1660），出自巴伐利亞律師兼業餘天文學家尤利烏斯・席勒（Julius Schiller）。席勒是第一個拋棄了神話，改用基督教象徵來繪製星座的人。

威廉・M・提姆林〈航向火星的船〉（The Ship That Sailed to Mars, 1923）的細部。

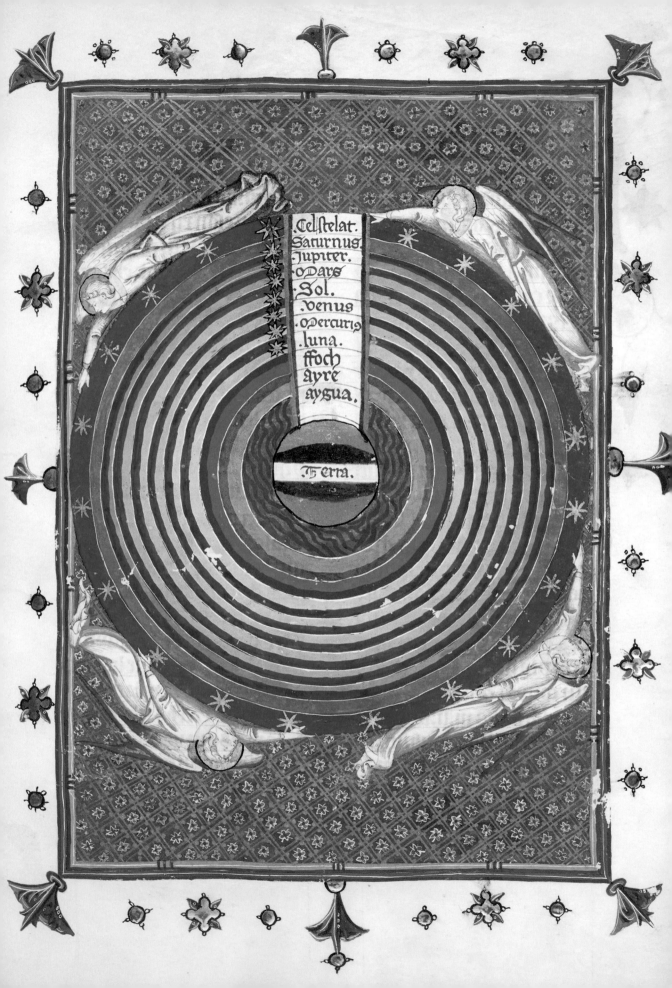

對頁圖：在《皇帝之消遣》的作者提伯利的葛瓦斯的時代，人們心目中的宇宙就像這樣。四位天使圍繞著托勒密體系的天球（包括四元素、七行星天球與恆星天球）。出自約製作於1375至1400年間的手稿。

後頁對開圖左：《加泰隆尼亞地圖集》（Catalan Atlas, 1375）貼了金箔的第二頁。這張宇宙圖呈現了陽曆與陰曆的曆算，以及根據希臘同心天球觀所排列的已知行星。

後頁對開圖右：中世紀對天球觀的詮釋，出自《自然之書》（Buch der Natur, 1481）。圖的底部是地球，上方為火層（火是亞里斯多德四元素中最輕的），接著依序是月球、諸行星、太陽與星球層，這些天體都存在於各自獨立的區帶中。

希望讓他的皇帝讀來感到新鮮刺激。書中有一段來自英格蘭的故事，提到天空中的大海：

> 某個烏雲密布的星期日，英格蘭一處村落的百姓走出教堂時，看到有個船錨勾住一塊墓碑；繫著錨的船索來自天上，繃得緊緊的。人們驚呆了，正當他們議論紛紛時，突然看到船索動了動，彷彿有人試圖拉起船錨。然而船錨緊緊勾著石碑，空中於是響起一陣噪音，似乎是水手在吆喝。這時，大家看到有個男人從船索上滑下來，試圖解開船錨；他才剛把船錨弄開，村民便抓住他，他不斷掙扎，接著就像溺水一樣很快死去了。將近一小時後，上面的水手聽不到他們同伴的聲響，於是砍斷船索，把船開走。為了紀念這起罕見的事件，村民用船錨的鐵做成了教堂的門鏈，至今仍然能看到。

更早之前，里昂大主教聖阿格巴（St Agobard，約779-840）就在他的著作《論冰雹與雷電》（De grandine et tonitruis）中，談到法國人相信雲之王國「瑪哥尼亞」（Magonia）的存在。阿格巴在書中提出各種理性的論證，反對「天氣魔法」這種迷信的說法。據他說，當時的人認為「瑪哥尼亞」這朵雲是由惡劣的海盜集團所操縱。海盜們與法蘭克天氣巫師「風暴術士」（tempestarii）勾結，咸信魔術師變出暴風雨，打落地上的作物，空中的水手便能輕鬆收集起來偷運走。

其實，我們在古羅馬官方的奇聞紀錄中也能找到類似傳聞。人們認為這些罕見事件，是天神的不悅所造成的——立刻回報這類事件，是身為羅馬公民的責任。提托·李維（Titus Livius，西元前64或59年至西元17年）在他的《羅馬史》二十一章六十二節，以及四十二章二節中曾引用過奇聞錄。他提到，「據說，有人在羅馬附近的拉努維姆（Lanuvium），看到像船隻的物體從空中隱約而現……彷彿一支大艦隊。」這很有可能是海市蜃樓，但搞不好是史上最早的「不明飛行物」報告。

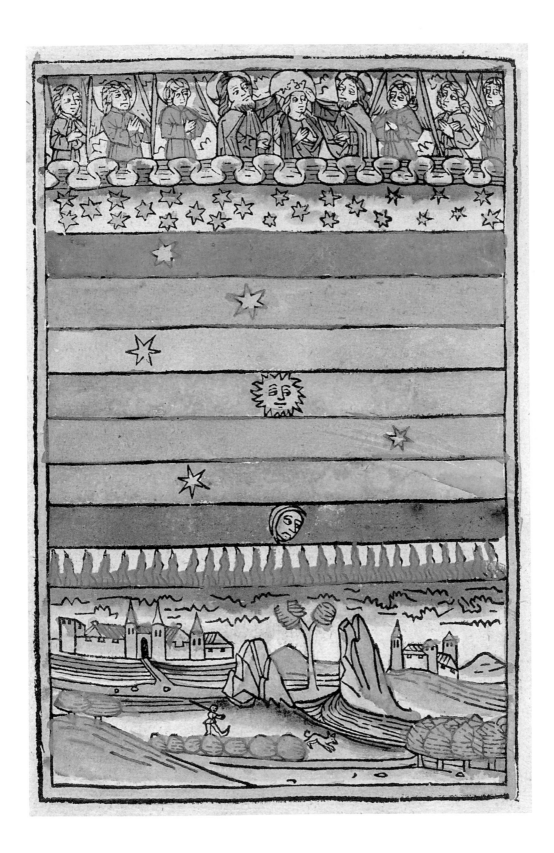

2-7　掌握宇宙：發條機械與印刷術

　　自從托勒密的著作再度為人所發現之後，古希臘人的透明天球宇宙觀便傳遍了歐洲。但縱使能解釋這種概念，「推動天球旋轉的神祕力量」仍然是懸而未決的問題。從14與15世紀的藝術創作中，我們找到了一些圖像，是人們試圖從6世紀基督教神祕學者，偽亞略巴古的狄奧尼修斯（Pseudo-Dionysius the Areopagite）的著作中尋求解決方法的成果。偽亞略巴古的狄奧尼修斯描述了諸天使的上下階級。當上帝──也就是始動者──施力轉動最外層的同心星球層，或許，控制剩餘各層天球運行的，就是按照該階序排列的天使。14世紀的法國哲學家尚·布里丹（Jean Buridan）反對這種想法。他採用更古老

對頁圖：古斯塔夫·多雷（Gustave Doré）所繪的同心圓天堂，出自但丁的《神曲》。

〈創世紀與逐出伊甸園〉（The Creation of The World and the Expulsion from Paradise, 1445），喬凡尼·迪·保羅（Giovanni di Paolo）為義大利席耶納（Siena）的一所教堂而繪。神施加驅力，推動同心圓宇宙的外圈。

的「原動力」（impetus，近代慣性概念的前身）理論，主張諸天是由第五元素構成，完美而沒有摩擦力。因此他認為，上帝在創世之初施加的宏大推動力，就彷彿鐘表匠撥動了第一下鐘擺，將會讓天球無止境地轉動。「至於祂對天體施加的原動力」，布里丹寫道，「在未來將不會有一絲減損，畢竟天體沒有往其他方向運動的傾向，此外也沒有任何阻力會影響、壓制那股原動力。」

　　在中世紀環境中創造出來的還不止這種抽象理論。天文台要到16世紀晚期，才會隨著第谷·布拉赫而出現在歐洲，但14世紀時倒是出現了另一種不同的發明：時鐘。西元前1世紀時，希臘人創造安提基特拉機械（見〈1-5 古希臘人〉）的那種成熟技術早已失傳，但伊斯蘭知識洪流在西元第一千紀的尾聲湧入歐洲，鐘表技術便從此再度開始發展。數世紀以來，修道院都在用形式原始的水鐘，協助指出正確的禮拜時間，但聖奧爾本斯修道院院長沃林福德的理查（Richard of Wallingford）在1336年過世之前，已經打造出機械天文鐘，震驚當時。天文鐘不只能指出時刻與分鐘，搭配差速器之後，還能化身為宇宙動態模型。旋轉的月亮能顯示出月相與月食

但丁提到許多人物，藉此讓讀者知道他所使用的文獻來源。比方說，在第四重天——太陽天（智者在此），但丁與貝德麗采（Beatrice）遇到12名智者，包括狄奧尼修斯、比德、大阿爾伯特（Albertus Magnus）與托馬斯·阿奎納。

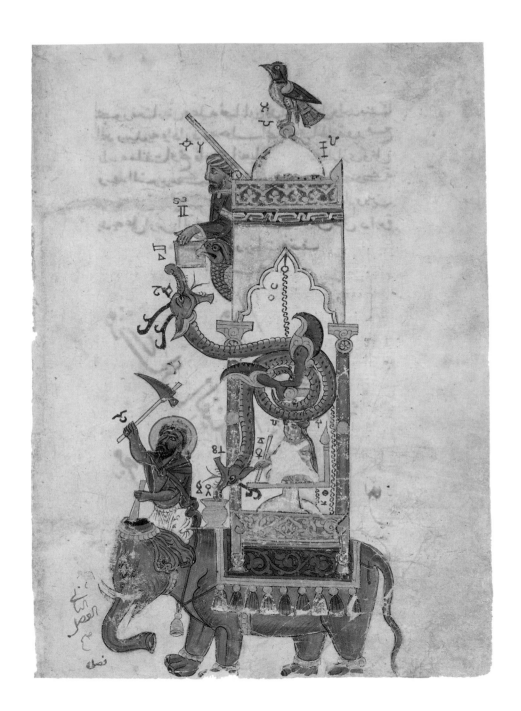

《非凡機械裝置新知》
（1206）的插圖。這部專論談
的是波斯人加札利（Al-Jazari）
發明的各種奇妙裝置。他的大
象時鐘尤其複雜：每過半小
時，圓頂上的鳥兒便會啁啾，鳥
兒下方的人會往龍嘴中丟一顆
球，接著騎師就會拿手上的尖
頭棒打大象。

（其均速為真實的1.8/1,000,000），而且很可能也能表
現行星的運行──之所以無法確定，是因為理查大多數
的原創設計雖然流傳了下來，但這座鐘本身卻在亨利
八世（Henry VIII）於1539年進行宗教改革，解散聖奧爾
本斯修道院時遭到摧毀。

帕多瓦（Padua）天文學家兼工程師喬凡尼・德東

迪（Giovanni de'Dondi, 1318-1389）的天象儀在1364年完工，比理查的天文鐘更為知名。這座天象儀的結構相當複雜，使用了107個大小齒輪，精準展現整個行星體系。隨著時鐘的運作，天象儀上的教會禮儀年盤面、各行星盤面與二十四小時宗動天（Primum Mobile）盤面也會跟著作動，以星辰為背景，重現太陽與眾行星在白晝時運行的情況。儘管這座天象儀已經在1630年的曼托瓦（Mantua）圍城戰中被毀，但德東迪留下的精確描述，讓後人得以重建出來。該天象儀完全是由手工組裝，讓帕維亞（Pavia）的喬凡尼·曼奇尼（Giovanni Manzini）讚嘆不已。他在1388年寫道：「充滿巧思……以無與倫比的工匠手腕雕刻出來。」「我斷定，再也沒有人能發明出如此絕妙天才的機械了。」

上圖：德東迪知名天象儀的20世紀複製品。這座天象儀以機械方式呈現了托勒密宇宙。

我們今日所看到的鐘面，要在稍後的15世紀才會出現。不過，只要和星盤盤面一比較，就能看出設計上確實有直接的影響。面對鐘面，可以看出設計者用圓形捕捉宇宙的神韻，用機械控制其混沌，而時、分針更是仿效了星盤上的指針，在與星盤相同的360度天球範圍內旋轉著。想想看，我們今天戴在手上的機械表，就是中世紀的宇宙，這多麼驚人。

除了天文鐘，同樣的發明天才也應用在航海上。當歐洲揚帆進入地理大發現的時代（根據傳統看法，大致是從15世紀初到18世紀末），船隻大膽航行到比以往更遠的地方，把海岸線拋在腦後。為了航至正確的緯圈，緯度的測量至關重要（約翰·哈里遜〔John Harrison〕在1760年代發明航海鐘之後，測量經度的問題才得到解決）。白天時，海員在正中午用星盤測量太陽的地平緯

中國宋代（960-1279）除了有水鐘、機械鐘與燭鐘之外，還有一種叫香鐘的計時器。上面擺了以特定速率燃燒的香，讓重物以固定間隔落到下方的盤子上，發出聲響。

對頁圖：日耳曼地區的「鏡鐘」，約1570年。上面有指示各種天體的刻度。這些裝置固然是銜接神聖秩序與文藝復興科學的橋梁，但因為跟天主教放聖體的容器長得很相似，於是又稱「聖體鐘」。

度，領航員會拿數值對照表格，上面列出了太陽一整年在天球赤道上方與下方的每一個位置。不過，夜間測量緯度就棘手多了。時人將以太陽時為根據的星盤加以調整，改為使用恆星時，發明了稱為「夜時盤」（nocturnal）的儀器。憑藉這種別出心裁的裝置，領航員不只能在夜間知道時間，還能憑藉北極星的地平緯度，找出跟天極的相對位置，來判斷自己所在的緯度。海員的夜時盤通常邊緣會有刻痕，如此一來，即便在伸手不見五指的黑暗中，使用者仍然能讀出數值。

1440年，日耳曼金匠約翰尼斯・古騰堡（Johannes Gutenberg）為歐洲帶來活字印刷術。這項發明不僅對天文學研究，甚至對整體的資訊流通都有劃時代的影響。[8] 手稿化為印刷複本，讓科學研究徹底改變，此後再也不需要抄寫員費力複寫大部頭的著作。無論書法有多美，前一份複本的抄寫錯誤都會複製到後一份，每一份手稿都蘊含著這樣的風險。天文學公式與數值如此複雜，難免又會造成新的錯誤。

若要評估一個時代的人具備哪些認知，從為教學目的而寫的作品來看最是清楚。一旦活版印刷術發明，新的文本產業誕生，我們也因此得到最清楚的畫面。當時的日耳曼地區最有名的人之一，是維也納大學的柯尼斯堡的約翰尼斯・穆勒（Johannes Müller von Königsberg），人稱雷吉歐蒙塔努斯（Regiomontanus）。奉教宗特使兼人文學者巴西里奧・貝薩里翁（Basilios Bessarion）的指示，雷吉歐蒙塔努斯與友人格奧爾格・馮・波伊爾巴赫（Georg von Peuerbach）憑藉托勒密《天文學大成》的希臘文原典，編成要義精確的拉丁文節譯本。馮・波伊爾巴赫在編寫的過程中一病不起，於是要求雷吉歐蒙塔努斯答應在他死後繼續完成這項工程。《〈天文學大成〉精要》（Epytoma in Almagestum）於1496年印行，長度只有托勒密原典的一半，但內容更加清晰易懂，是將這位亞歷山卓人的理念傳遍歐洲的大功臣。

萊昂哈特·圖爾奈瑟（Leonhard Thurneysser）為了搭配他的著作《占星原理》（*Archidoxa*,1569），於1575年出版了《星盤》（*Astrolabium*），內附各種圓盤儀（紙質的輪狀儀器）。

　　事實上，雷吉歐蒙塔努斯的成就甚至比這部節譯本影響更深遠——1474年，克里斯多福·哥倫布（Christopher Columbus）在第四度航向新大陸時就帶著雷吉歐蒙塔努斯製作的曆書，書上的星表有天文事件的預估日期。哥倫布一行人在今天的牙買加登陸，缺少糧食，於是哥倫布告訴當地原住民阿拉瓦克人（Arawak）：假如他們不幫忙，將會觸怒西班牙人的神，神將讓月亮「憤怒發紅」。月亮果然在1504年2月29日依約變成暗紅球體。根據哥倫布之子斐迪南（Ferdinand）所說，阿拉瓦克人因為如預言所發生的血月景象驚駭不已，「呼天搶地，帶著滿滿給養從四面八方奔向船隻，懇求將軍代他

們向他的神求情」。當然，哥倫布是利用雷吉歐蒙塔努斯的曆書，計算出月食的時間。

雷吉歐蒙塔努斯一直從事印刷出版，直到1476年過世。第谷‧布拉赫、約翰尼斯‧克卜勒（Johannes Kepler）等人都利用了他的觀察成果。但最重要的是，雷吉歐蒙塔努斯的數據大大影響了年輕波蘭天文學家尼古拉‧哥白尼（Nicolaus Copernicus, 1473-1543）的想法——不久後，他將掀起一場知識革命。

托勒密的著作成書超過一千多年之後，依舊受到人們的翻譯與討論。《〈天文學大成〉精要》的卷首插圖上，作者雷吉歐蒙塔努斯與那位辭世已久的亞歷山卓人一起坐在天球儀下方。

上圖與左圖：《彗星之書》（Kometenbuch）的插圖。這是一本微型水彩畫集，記錄過去幾百年間出現的彗星與流星。本書製作於1587年，地點可能是法蘭德斯（Flanders）或法國東北部，作者與繪者身分不詳。

左圖：出自約1550年的《奧格斯堡奇蹟書》（Augsburger Wunderzeichenbuch），圖説是：「我主1007年，出現了一顆奇妙的彗星。它往各個方向吐出火焰。現於日耳曼與威許蘭（Welschland），後墜落於地。」

右圖：另一張出自《奧格斯堡奇蹟書》的插圖：「我主1401年，一顆大彗星拖著孔雀尾巴，出現在日耳曼的上空。施瓦本（Swabia）隨後發生嚴重瘟疫。」

1561年4月14日，紐倫堡上空充滿了奇異的天象。根據市民描述，天空出現一個巨大黑色三角狀物體，以及數百個球體、圓柱體與其他怪異的東西，在空中到處飛舞。時常有人說這張圖是第一張「幽浮」目擊場景的圖。假如真有此事發生，也很可能是一種稱為「幻日」（sun dog）的大氣光學現象。

（並見〈4-7 天體現象：第二部分〉）

2-9　中美洲

　　令人目眩神迷的南方天空，在西班牙殖民之前的中美洲各民族文化中扮演重要的角色。對於統治今日厄瓜多到智利的印加人來說，「聖河」（Mayu，銀河）是高掛天空中帶來生命的河流，與它在大地上的雙胞胎——位於神聖谷地（Sacred Valley，位於今天祕魯安地斯山脈高處）的烏魯班巴河（Urubamba River）相呼應。儘管印加人也從群星的分布中看出圖案，但他們是從聖河眾星之間的黑暗地帶，找到他們的天界生物的——他們把這些「烏雲」星座，看成在天河邊緣喝水的動物。

　　至於馬雅人與後來的阿茲提克人則擁有成熟

阿茲提克曆法石，據信約刻於1502至1521年間，上面是阿茲提克人與其他前哥倫布時代中墨西哥民族使用的曆法體系。

以晨星姿態出現的金星。出自前西班牙時代占卜書手稿《波吉亞抄本》（*Codex Borgia*）的19世紀複製品。

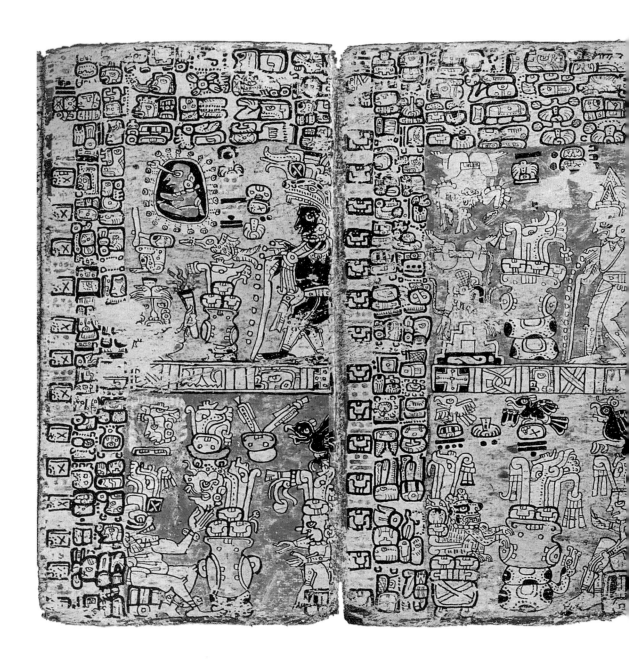

的數學方法，用於計時與推算精確的曆法，但中美洲各
文化沒有任何星圖流傳至今。中美洲人的天文學與他們
普遍的神靈之樹信仰緊密相關，神聖的太陽則構成他們
稱之為「計年」（xiuhpō-hualli，有365天）的農曆循環基
礎。他們將「計年」與稱為「計日」（tō-nalpōhualli）、為
時260天的儀式循環相結合，化為以52年為1「世紀」的
「曆法循環」。

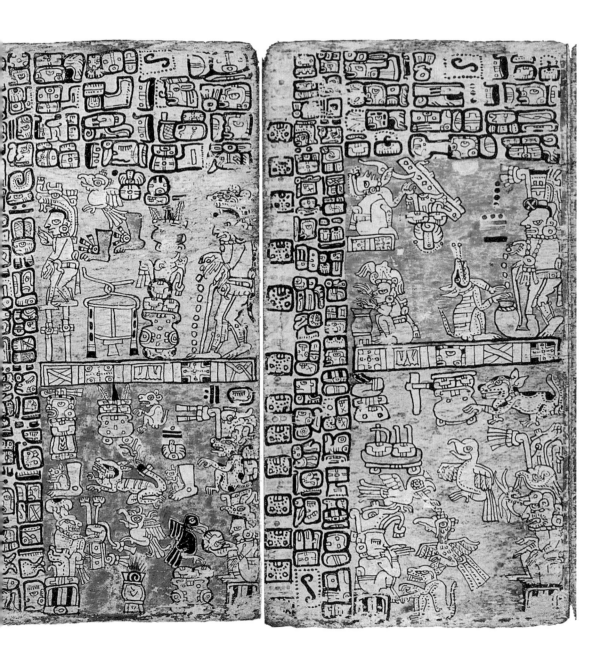

《馬德里抄本》（*Madrid Codex*）的部分內容。《馬德里抄本》是現存三部前哥倫布時代的馬雅文獻之一，年代約介於西元900至1521年。左上方坐著的人據信是一位馬雅天文學家。

他們最久遠的年代推算，是將宇宙的誕生回推到西元前3114年時——至於為何明確選擇這一年，我們並不清楚。據信，神為了人類犧牲自己，太陽因此誕生。目前的太陽是第五個太陽，此前的四個太陽已經因為過去大地上的災難而毀滅了。金星也有獨特的地位：他們認為羽蛇神（Quetzalcoatl）會以晨星的樣貌出現，一見到這顆行星，就知道雨季即將來臨。

3 科學的天空

14世紀時，歐洲的思想紋理隨著「文藝復興」文化運動開始轉變。人文學者重新發現古典希臘哲學與知識，對古代學術黃金時代懷抱憧憬，歐洲也因此沉浸於恢復藝術、建築、政治、科學與文學的傳統。這一波波的浪潮恰好與印刷術在西方的發明同時，其影響力迅速席捲義大利，漣漪擴散到整個歐洲大陸。

但在天文學的大海，海象的改變卻發生在許久之後，將近15世紀末的時候。雖然早在西元前4世紀時，

卡普拉羅拉（Caprarola）星座濕壁畫。1575年由佚名畫家繪於羅馬法爾內塞宮（Palazzo Farnese）內部。

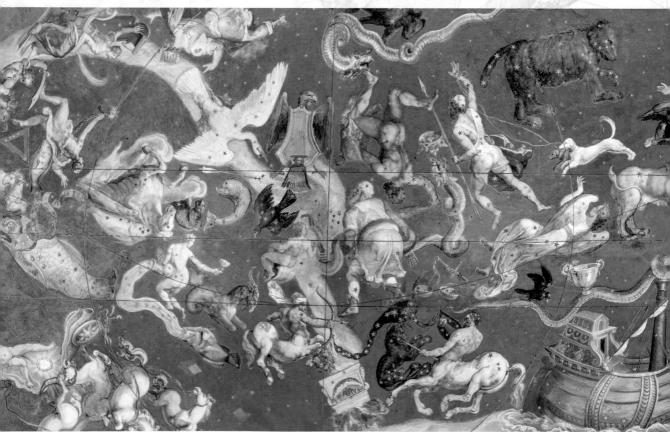

「明明就在動。」

——據說，天主教會強迫伽利略・伽利萊（Galileo Galilei）
撤回「地球繞行太陽」的主張時，他如此回應。

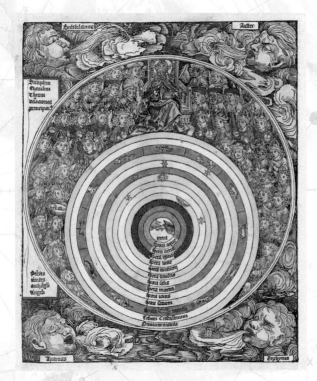

基督教與亞里斯多德體系的綜合體，圖為同心天球構成的宇宙，處在坐在王座上的上帝和各級天使之中。出自《紐倫堡編年史》（*Nuremberg Chronicle*, 1493）。

薩摩斯的阿里斯塔克斯（Aristarchus of Samos, 西元前310至230年）便已經提出日心說，但托勒密在2世紀時提出的地心說依舊是眾所公認的宇宙模型。（根據亞里斯多德物理學，阿里斯塔克斯的概念不可能實現，因此為人所忽視。）托勒密式的宇宙固然蔚為主流，但質疑其準確性的呼聲卻愈來愈響。在這股批判聲浪中最明顯的聲音，就是波蘭克拉科夫大學（University of Kraków）的教師們。當時，這所機構有兩個致力於提升天文相關科學的知名科系：1405年成立的數學暨天文系，以及1453年成立、提倡「實用天文學」的占星學系（因為占星學與醫學的關聯使然）。天文學的克拉科夫學派堪稱歐洲首屈一指。這群教師因為反對托勒密提出的「均點」（equant）觀念而聞名——托勒密在《天文學大成》中提出這個數學概念，用於解釋觀察到的行星運行，但克拉科夫學派認為這跟等速圓周運動原則（物體以固定速率運行於圓周路徑上）相違背。正是這所學校提供的全面教育，讓一位名叫尼古拉・哥白尼的18歲學生，在1491年開始探究這個問題。

3-1　哥白尼革命

　　傳統上，世人把哥白尼反對托勒密宇宙模型一事，定在他的《天體運行論》於1543年發表時。這本書在他過世那天印行，但從更早的手稿來看，至少在1510年時，書中的想法就已經在他心裡成形了。《天體運行論》將讓人們徹底重新展望對宇宙的理解方式。

　　哥白尼為何會形成如此顛覆性的概念？問題百出的「均點」是其中一個爭議點（16世紀的天文學家，也是哥白尼的弟子格奧爾格·約阿希姆·雷提庫斯〔Georg Joachim Rheticus〕說，均點「是一種大自然所憎厭的關係」）。另一個問題則是托勒密模型中的月球。從數學上來看，就是不合道理。根據托勒密天文學，各行星與月球運行於「本輪」（epicycles，小軌道），而本輪則運行於稱為「均輪」（deferents）、繞行地球的大軌道。若根據托勒密的《天文學大成》，月球的本輪相較於均輪，可是大得不可思議，將會讓月球在地球天空上的高度產生極大的變異。光是從簡單的觀測結果，就知道這顯然不正確。將當時的數學套用在托勒密傳世的著作，會發現他的體系很不可靠。各行星是以個別方式解釋，而非整體看待，這麼一來肯定與「自然寰宇是一套優雅、和諧體系」的柏拉圖式觀點不符。哥白尼的前人未能成功做出合理論證，將整個體系詮釋成運轉中的交響曲，這一點令他感到趣意盎然：「它們就像從不同地方找手、腳、頭，以及其他身體部位湊成的東西，」他寫道，「難怪畫是畫得很好，但不是以同一具軀體為模型，彼此也不般配——湊出來的自然是個怪物，而不是人。」1510至1540年間，哥白尼蒐集了30年分量的資料，改進自己的構想。他的宇宙模型把太陽放在中間，地球如今變成行星，月球則是衛星，六大行星依次排列。他允許雷提庫斯發表其著

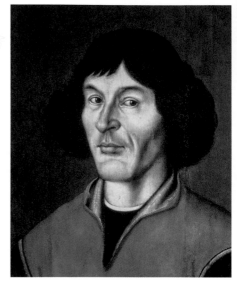

尼古拉·哥白尼。

作的第一份報告，由於並未受到激烈反對，他便於1543年點頭答應在紐倫堡印行《天體運行論》。

太陽位於萬物的中央〔這是書中相當知名的一句話〕，畢竟在這座最最美麗的神廟中，有誰會用其他的東西取代這盞明燈，或是把它擺在無法同時照亮全體的地方呢？事實上，稱太陽為全宇宙的明燈並不為過，甚至可謂是宇宙之心靈，宇宙之統御……。因此，太陽彷彿坐在王座之上，統治著繞行自己的行星王族。

哥白尼模型轉換了視角，將地球視為太陽的行星級衛星，一下子便為長久無人能解的宇宙謎題帶來簡單的答案，例如行星逆行之謎——也就是在我們眼中，行星會暫時後退的現象。有了哥白尼的解方，逆行就合理了：當我們在比方說火星軌道之內的地方環繞太陽時，

哥白尼的日心宇宙論。安德烈亞斯·切拉里烏斯1660年繪。

多數時候我們看起來就跟火星是同樣的移動方向。但我們繞行太陽的軌道較短，在超越火星時，火星在我們眼中就像後退一樣。這，就是世人尋找已久的簡約、優雅模型。

當然，新模型也會引發新問題——最大的問題，就是宇宙的大小。假如地球繞行太陽（哥白尼將距離誤算為約450萬英里／700萬公里），那麼我們觀星時，應該會經歷到視差效應，眾星看起來應該會移動，畢竟我們所立足的觀測點，地球，一直在移動。這種效應顯然不存在，因為宇宙比我們認為的大得太多，群星距離實在太遠、太分散，跟地球繞行太陽的這段距離根本不成比例。哥白尼還對亞里斯多德物理學的其中一項關鍵提出挑戰——也就是天體、土與水，以及任何投出去的物體，都會落到它們自然應該的位置，亦即宇宙的中心。如此說來，假如地球從來都不是中心，那麼當代關於重量和運動的物理理論就不再充分（這真嚇死人了）。每件事情都得重新思考。比方說，地球為何是球體，又是什麼令地球轉動？而且，當地球繞著太陽跑的時候，我們這些在地球表面上的人，怎麼沒有因為這種飛速而感到頭暈目眩？

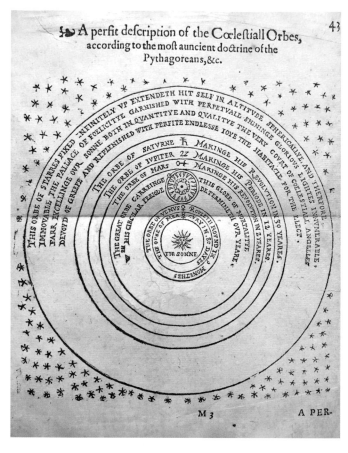

這張知名的宇宙圖解，是湯瑪斯·迪格斯（Thomas Digges）《對天體軌道的完美描述》（*A Perfit Description of the Caelestial Orbes*, 1576）的配圖。這位英格蘭數學家不僅是不列顛最早擁護哥白尼體系的人，他甚至更進一步，揚棄了宇宙以恆星天球層為外殼的想法，支持無限的宇宙、無盡的繁星。在英格蘭，這張圖解幫助無限宇宙觀成為哥白尼理論的一部分。

咸認《凱薩星盤》(*Astronomicum caesareum*,1540) 是16世紀印刷藝術的至高傑作。這個以書為其形式的星盤，是彼得羅斯·阿皮亞努斯為他的贊助人——哈布斯堡統治者、神聖羅馬帝國皇帝查理五世 (Charles V) 及其弟斐迪南 (Ferdinand) 所設計，讓他們得以運用書上匠心獨具、名為圓盤儀 (又稱「阿皮亞輪」〔Apian wheels〕) 的紙質儀器，來計算行星排列、月食與天體位置。

3-2　第谷·布拉赫

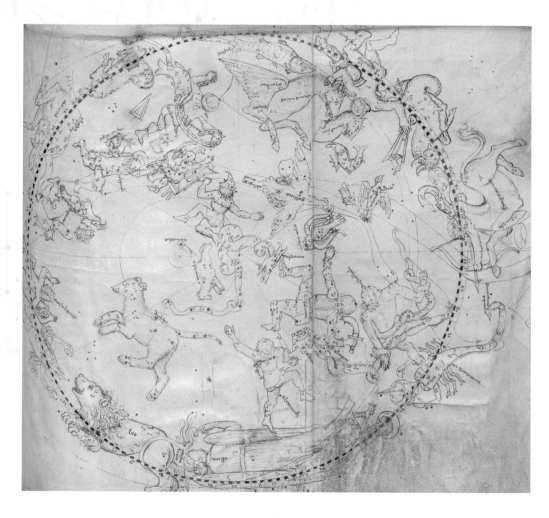

　　由於《天體運行論》引發了這些問題，但提供的解答卻不多，科學革命因此繼續進行下去，輪到其他人負責解決或駁斥這種「激進」的哥白尼宇宙結構，同時將天文學從一門幾何學轉為物理學。印刷地圖在15世紀晚期出現，托勒密體系中為了精確再現而套用地理座標的做法也隨之復活（一部分是因為文藝復興時代的人，對測量有一種執著）。不久後，第一張印刷天體圖便在1515年問世（見對頁圖），製圖師是日耳曼的大師阿爾布雷希特·杜勒（Albrecht Dürer, 1471-1528）。杜勒採用了與

這張維也納手稿是歐洲地區已知最早的北半球天球圖。上面的星星採用托勒密星表中的編號加以標示。後世的所有天球圖都採用了這種風格。出自《論天球之構成》（De Composicione Sphere Solide, 1440），作者不詳。

第谷·布拉赫。

歐洲第一張北半球印刷星圖，1515年由偉大的藝術家阿爾布雷希特·杜勒於日耳曼紐倫堡發表。

已知最早歐洲星圖手稿——維也納手稿（見對頁圖）一樣的風格。

此時的天文學已經從重視古典權威，轉變為重視實際觀測的學問了。唯有採用成熟的儀器與改良的手法，以更加精準的方式研究天空，才能獲得破譯宇宙所需的線索。對於這種方法上的改變，最關鍵的人物就是金鼻子[9]丹麥貴族第谷·布拉赫（Tycho Brahe, 1546-1601）。16歲那年，布拉赫親眼在夜空中見到20年來第一次的木星凌土現象，從此點燃他對天文學的熱情。他勤於觀測，發現無論是以托勒密體系為根據的阿方索星表（Alfonsine Tables，最早於1483年集成），或是後哥白尼時代的資料，都無法正確預測此次現象。

後來，天空中發生了一次大爆炸。1572年，布拉赫記錄到仙后座發生看來是新星的現象——根據亞里斯多德傳統，宇宙是完美、不變的，因此不可能發生這種驚人的現象。布拉赫目擊到的這陣強光，其實是超新星，亦即恆星壽命將盡時發生的大爆炸。今人將這顆超新星稱為SN 1572，又叫「第谷超新星」（Tycho's Supernova）。天空顯然是個變化莫測的劇場。1577年，天空中劃過一顆炫目的彗星，人們對現實因此有進一步的體認。在此之前，人們認為以驚人速度短暫出現的彗星是種大氣現象，屬於氣象研究的範圍，是地球上的事，與天球無涉。布拉赫在1577年觀測到這顆彗星，並證明這個現象發生

仙后座，出自第谷‧布拉赫的
《論新星》（*De nova stella*,
1573），圖上標示「I」的，就是
1572年的超新星。

布拉赫的「眾星之城」天文台。

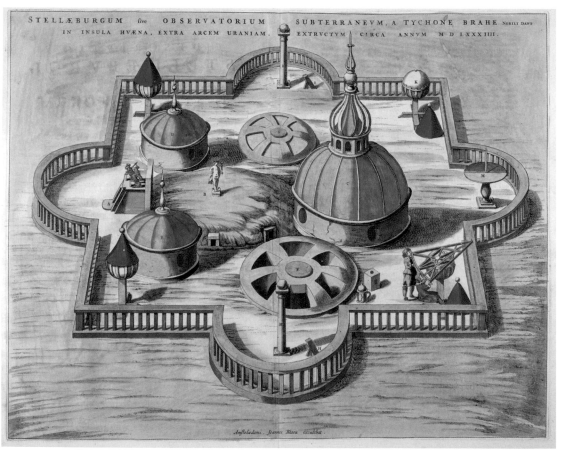

在比過往認為的更遠的地方——彗星穿梭在行星之間，理應屬於天球領域。一個明擺著的問題因此出現：假如宇宙是由一重重的固體透明天球所構成，透過其轉動載著行星，那彗星要怎麼穿過天球？布拉赫意識到，這個問題的答案簡單卻深遠——這樣的天球並不存在。

布拉赫得到丹麥國王弗里德里克二世（Frederick II）支持，在文島（Ven）上興建了歐洲基督教地區的第一座天文台，命名為「天空之城」（Uraniborg）。等到天空之城不敷所需時，他便在附近蓋了第二座天文台「眾星之城」（Stjerneborg），眾多助手就住在裡面，運用新式儀器（例如布拉赫為了測量兩顆恆星之間的角度而發明的六分儀）進行觀測。這一切的成果，就是北半球夜空777顆恆星的詳盡星表。每一顆恆星的位置都經過多次測量以確保精確性，取代了當時所使用的過時托勒密星表。（布拉赫還把這一顆顆星刻在一架巨大的天球儀上，只可惜如今已失傳。）年復一年的翔實觀星與製圖，自然讓布拉赫形成了自己的宇宙模型——第谷體系。布拉赫雖然接受哥白尼簡明扼要的邏輯，但身為虔誠的新教徒，他卻無

「眾星之城」的天球儀。

ARMILLÆ ÆQVATORIÆ MAXIMÆ
SESQVIALTERO CONSTANTES CIRCULO.

法將地動說與《舊約聖經》中「大地位居創世紀的中心」相關的說法彼此調和。「地球高速運行」的概念，會跟古人對天放箭，靠著箭最後會落回腳邊的方式證明地球是靜止的做法相悖。假如世界是移動的，箭怎麼會落回腳邊呢？他的解決方法是支持哥白尼所提出的大部分星體運行方式，但有一項重大差異——地球還是位於中心，

〈根據布拉赫理論的世界結構透視圖〉，出自安德烈亞斯·切拉里烏斯的天圖集《大宇宙之和諧》（*Harmonia macrocosmica* 1660），該書是歷來最精美的天圖集。這張圖清楚說明了第谷體系，太陽、月亮與眾星（以黃道帶的形式呈現）繞行著地球，而其餘5顆行星則繞行太陽。

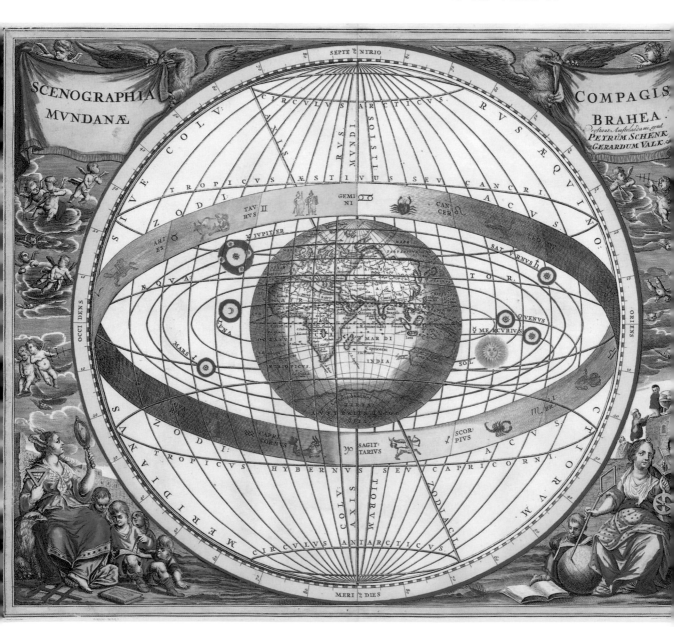

受太陽與月球環繞，至於土星、火星、木星、金星與水星則全是太陽的衛星。布拉赫還把哥白尼宇宙壓縮到比較可信的大小。在最遠的行星軌道之外，有一層薄薄的空間，繁星就掛在那兒。布拉赫宇宙的半徑估計只有地球半徑的1萬4000倍，遠比哥白尼宇宙小，甚至小於以地球半徑2萬倍為半徑的托勒密宇宙。

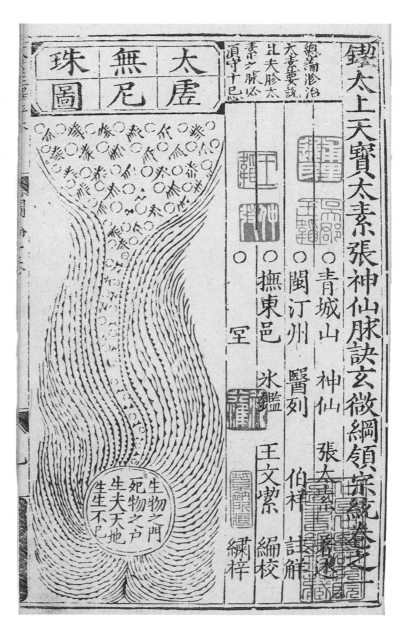

與布拉赫同時代的中國宇宙學。這張1599年的木版畫呈現了宇宙萬物從無到有的過程。透過陰陽無止境的創造與變化過程，宇宙及其血肉就此成形。

3-3　約翰尼斯・克卜勒

　　由於哥白尼重新擘畫的幾何圖像，天文學與人類對宇宙的看法在17世紀時進入了前不著村、後不著店的轉變階段。其實，早自古希臘人首度提出天球觀起，主導天文學界的就是宇宙的幾何形貌，而天文學家的任務簡單來說，就是發展一套能預測行星運行的體系。至於「是什麼力量推動了行星運行」，則沒有前一個目的來得重要，主要是因為這個問題的答案很簡單──上帝的力量（先前我們已經提過，人們認為始動者及其下各階層的天使，將原動力施加在天球的轉動上）。從哥白尼巨作的書名《天體運行論》來看，連他都不願意放棄以「天球」的基本概念來解釋行星運行（只是在書中很少提到而已）。布拉赫證明天空具有變易的特質，彗星更是毫

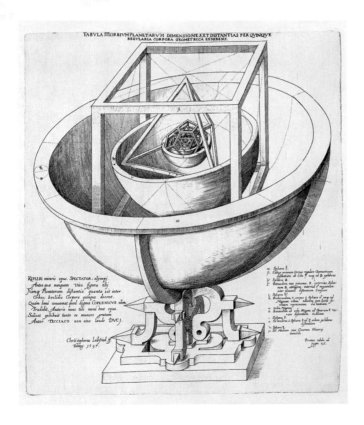

從克卜勒複雜的宇宙模型（對現代人來說，還挺瘋狂的）可以看出，每一層行星天球（用於解釋其運行）中間都隔著不同的古典幾何立體。就這張圖解來說，我們得知最外層的土星球層跟木星球層之間，隔了一個巨大的立方體框架。

柏拉圖立體。據亞里斯多德所說，古希臘人認為五大元素——風、火、水、土與不滅的乙太，就是這五種多面體的形狀。出自克卜勒的《世界的和諧》(*Harmonices mundi*, 1619)。

無阻礙通過了原本天球理應存在的地方，這可是一次大飛躍，只不過他對地心說的偏袒等於是退步。

　　日耳曼數學家約翰尼斯·克卜勒 (Johannes Kepler, 1571-1630) 是個不世出的天才，開創了行星動力學的研究。不過，他用來解決行星運行的方式，則是用自己的想法，將行星重新排列。克卜勒原本受的是新教路德派牧師的教育，當他為行星運作尋求解答時，神聖完美之簡

約正是他推崇哥白尼假說的原因。他的信仰滋潤了他的好奇心。為何上帝創造行星時，要特別創造出6顆呢？它們與太陽的距離為何有所不同？1596年，他發表在《宇宙之奧祕》（*Mysterium cosmographicum*）一書中的解答實在教人眼花撩亂。他認為宇宙的基礎，或許是建立在「柏拉圖立體」（Platonic Solids）的三維幾何上的。柏拉圖在《蒂邁歐篇》提出五種多面體，作為五種古典元素的構成形狀：四面體、六面體、八面體、十二面體與二十面體。克卜勒主張，在每一重天球之間，都以特定順序夾著上述的巨大立體——六重天球剛好能夾著五種立體，而各天球之間的距離就是由這幾種立體所決定的。（令人訝異的是，這幾種立體的比例，確實多少符合行星間實際的情況。）這種對於天球間不同距離的解釋方式，也說明了行星軌道長短的差異。

此時若要了解這個如此奇特，其天才卻無法否認的概念，或許最好是去參考克卜勒收錄於《宇宙之奧祕》一書中的示意圖（見頁127）。

第谷・布拉赫看出克卜勒的數學才華，並於1600年邀請他前往布拉格的新天文台協助自己的研究。克卜勒旋即著手解決火星之謎——對於圓形軌道來說，火星就是格格不入。一年後布拉赫過世，克卜勒接下了他的職位，得以取得布拉赫一輩子蒐集的觀測資料。克卜勒相信太陽會自轉，而且就像磁鐵一樣對各行星施加一股神奇的力量，就是這股力量推動行星繞行。但圓形軌道的看法卻不符合這些軌道的實際情況。起先，克卜勒沒有把橢圓軌道當成一種可能性——據他推想，要是這個簡單的構想比圓形軌道更好，前人應該早就證明了。有了布拉赫詳盡的觀測資料，克卜勒不僅得以發現火星理論中的圓形軌道差了整整八弧分（是個足以證明圓形軌道模型有誤的巨大偏差），橢圓軌道模型反而能完美說明實際情況。他那三條打破窠臼的行星運動定律之一也

克卜勒《魯道夫星表》的卷首插圖（托勒密與哥白尼和作者相伴）。這部星表讓讀者得以了解行星與眾星的關係。

因此誕生：所有行星皆以橢圓軌道繞行太陽，太陽則位於其中一個焦點上。

其實，克卜勒是先發現了他的第二行星定律——闡述了行星沿橢圓軌道繞行太陽的速度——然後才發現第一行星定律的。基本上，第二行星定律是說「太陽與行星的連線，在同等時間中掃過的範圍面積相等」。因此，當行星靠近太陽時，其速度也會加快，遠離太陽時則減慢。這第二條定律讓克卜勒得以將軌道劃分成任意段，計算出行星在每一段的位置，並製作成表。但他無法確定行星在特定時刻的位置，因為還有一個問題沒有解決：行星運行速度一直在變化。這兩條定律都發表於1609年的曠世巨作《新天文學》（*Astronomia nova...*）。克卜勒在1619年的《世界的和諧》[10]揭露了自己的第三行星運動定律——行星軌道週期的平方，與該行星橢圓軌道的半長軸立方成正比（也就是行星跟太陽的距離，和行星軌道週期長度有正相關）。

1627年，克卜勒證明自己對於身為天文學家的創新有絕對的信心。為了紀念神聖羅馬帝國皇帝魯道夫二世（Rudolf II），他製作了改良過的行星表，遠比過往的星表更有助於精確預測天體路徑。這部所謂的《魯道夫星表》（*Rudolphine Tables*）標示出了1005顆恆星的位置，並且在1630年，也就是克卜勒過世後一年通過了天大的考驗——法國天文學家皮耶·伽森迪（Pierre Gassendi）成為史上第一個觀測到水星凌日的人，時間正如克卜勒所預測。

「我曾量度天空，」克卜勒的墓誌銘如是說，「如今我量度幽暗。靈魂遨遊蒼穹，軀體長眠九泉。」儘管許多根本性的問題沒有解決——尤其是太陽施加在行星上的究竟是什麼力量——但克卜勒的研究確實帶來了深遠的轉變，催生出新興的天體力學。天文學已經從幾何學的國度，移植到物理學的原野。

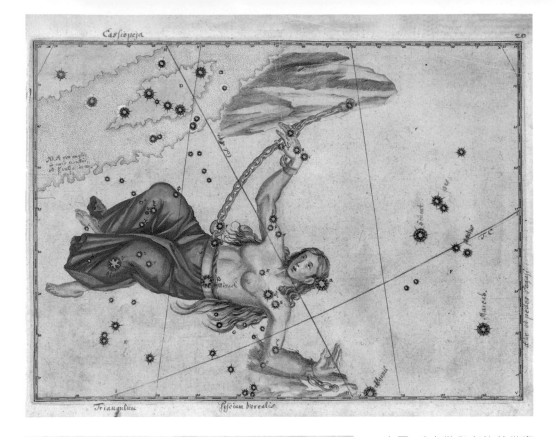

上圖：克卜勒與布拉赫從事觀測時，約翰·拜爾（Johann Bayer）正在編纂自己的《測天圖》（Uranometria,1603），是最早的天球星座圖集。拜爾根據星座為眾星命名，並且用希臘字母標示其亮度，例如「半人馬座α」。圖為仙女座。

左圖：處女座，天空中第二大的星座。

對頁上圖：拜爾的天鷹座。

對頁下圖：天龍座的巨龍。天龍座是托勒密所羅列的48星座之一。

3-4　伽利略・伽利萊

　　千百年來綜觀各個文化，人們對於宇宙的形狀，以及他們用來支持其說法的神話傳說可是五花八門。但無論想像力多麼馳騁，縱使是歷來最有智慧的人，也得受到人眼視力的局限。截至17世紀為止，數千年來的肉眼觀察已經把視力範圍內的天球查得透澈。但1608年，一切都改變了：日耳曼—荷蘭眼鏡製造師漢斯・李普希（Hans Lippershey）為一架「視遠若近」的儀器申請了專利，這就是已知最早的望遠鏡。我們從一份談暹羅王國使節來訪的荷蘭外交官報告中得知，這種由凸透鏡搭配凹透鏡目鏡可以製成「荷蘭透鏡」的消息，已傳遍了整個歐洲（李普希申請專利的3年後，喬凡尼・德米西亞尼〔Giovanni Demisiani〕才創造「望遠鏡」一詞）。從英格蘭人湯馬斯・哈利葉（Thomas Harriot，他在1609年開始使用6倍望遠鏡），到義大利通才伽利略・伽利萊（1564-1642），整個科學界充分把握了這項發明。

　　伽利略先是在帕多瓦教了18年的數學，1609年他改進李普希的設計，打造並展示他製作的8倍望遠鏡，震驚世人。他也因此成為托斯卡納大公（Grand Duke of Tuscany）——梅第奇家的科西莫二世（Cosimo II de'Medici）御用的數學家兼哲學家。不久後，他在佛羅倫斯打造一架20倍望遠鏡，靠著這架望遠鏡展開他的轟動發現，人類在歷史上首度能親眼看到新的星海與宇宙現象。伽利略還沒把眼睛湊到望遠鏡前時，其實沒有充分證據能支持哥白尼的模型。克卜勒在1597年時寄了一本《宇宙之奧祕》給他，但沒能說服他，何況哥白尼的支持者在當時人數少之又少。不過，伽利略憑藉望遠鏡的視野進行研究，他的發現幾乎馬上打消了自己對哥白尼的懷疑。

對頁圖：1609年8月，伽利略為寄信給威尼斯總督李奧納多・多納托（Leonardo Donato）所打的草稿。他在上面提到自己所打造的望遠鏡，以及望遠鏡的戰爭潛力。這張非凡文件的下半部，就是他對木星衛星的觀察。

1610年3月，伽利略發表《星際信使》（*Sidereus nuncius*），這是一部他急就章，挑選了影響最深遠的一些發現，附上超過70多張插圖。他發現望遠鏡能看到比肉眼至少多10倍的星星，於是詳盡重繪了獵戶座、金牛座與昴宿星團，並添上自創世紀以來首度觀察到的新的、更小的星星。過去，人們認為金牛座是由6顆星組成的，但伽利略一口氣將數字進一步提升到29顆。至於獵戶座，他則是從原本的9顆增加到71顆。他觀察托勒密

星表上的「雲狀」星，看出它們其實是許多小星星構成的，並據此推論星雲與銀河也是「各式各樣、無數的繁星群聚而成」，只是因為太小太遠，無法以肉眼分辨出一顆顆的星（亞里斯多德曾經如此猜測過）。

不難想見，能探索比此前所有人更遠──尤其是新的發現還不斷浮現──這件事情多麼讓伽利略感到興奮。1610年1月，他把望遠鏡轉向木星，看到有3顆星（後來看到4顆）排成一直線，跟著這顆行星一起移動，有時還會消失於行星背後。他意識到這幾顆必然是木星的衛星，而這4顆根據宙斯的愛人命名的就是所謂的「伽利略衛星」──木衛一（Io）、木衛二（Europa）、木衛三（Ganymede），及木衛四（Callisto）。伽利略將它們命名為梅第奇星（Medician stars），以致敬他的贊助者。（今人已經知道其實有79顆衛星環繞著木星。）地球失去了此前「唯一擁有天然衛星之行星」的地位，這對托勒密與第谷的地球中心說模型又是一次致命打擊。伽利略詳細檢視了月球表面。此前，人們一直認為月球是個光滑的球體，但他發現上面有高山（以他對其高度的推算來說），還有坑坑巴巴的表面，這些發現也讓人大為振奮。

伽利略發表這些發現之後，仍不斷提出關於天空的新消息。他在《論太陽黑子的三封通信》裡指出，一般人認為黑子是太陽的衛星造成的，實際上這些現象本身就是太陽的一部分。更有甚者，他揭露金星也會發生如月相的一系列相位變化。托勒密體系因此進一步受到削弱：假如金星的位置如該體系所稱，永遠介於太陽與地

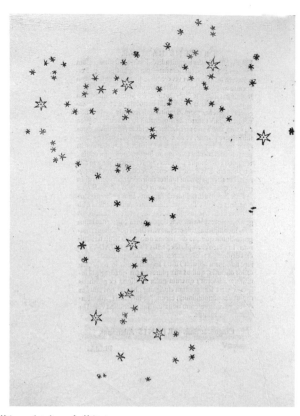

伽利略對獵戶腰帶（圖上方3顆明亮的星星）與周圍的星星的速寫，其中有許多星，他都是史上第一個看到的人。

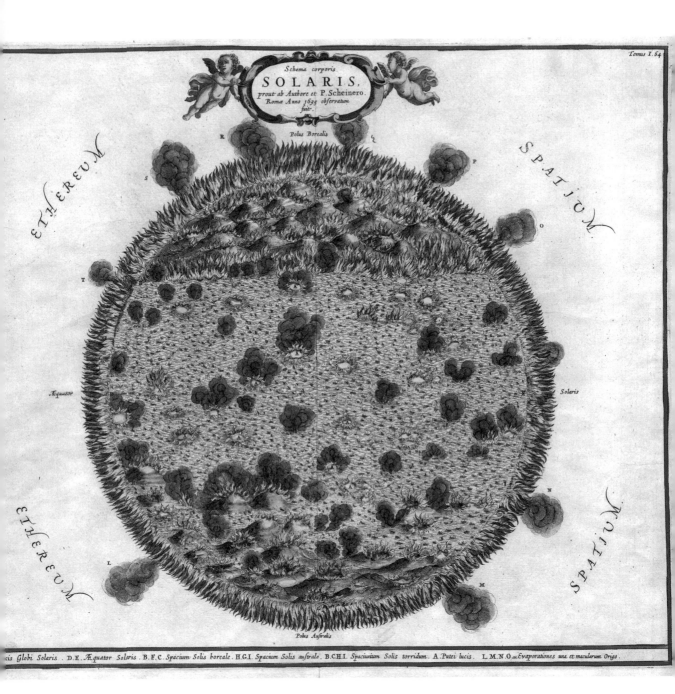

阿塔納修斯·基爾舍的1665年太陽地圖，極區有山，赤道則有環狀的太陽海。基爾舍這張奇特的地圖，是根據日耳曼耶穌會士克里斯多福·許埃納（Christoph Scheiner, 1573-1650）所做的太陽黑子觀測而繪製。許埃納相信，太陽黑子是太陽的衛星。伽利略在他1612年的小冊子《論太陽黑子的三封通信》（Tre lettere sulle macchie solari）對許埃納的理論大加反對，主張黑子是太陽本身的一部分。

球之間的話，就不可能看到金星以「滿月」的樣貌出現
──但他確實觀察到了。

　　伽利略費盡心思以實證方式提出自己的發現，盡其
所能降低這些發現所蘊含的破壞性暗示，畢竟作為顛覆
者的風險實在太大，即便是他的梅第奇家族贊助者也承
受不起。宗教界對於太陽中心說的抵制，是以《聖經》字
句為根據，像是《詩篇》一〇四章五節說：「神將地立在
根基上，使地永不動搖。」而《傳道書》一章五節告訴我
們：「日頭出來，日頭落下，急歸所出之地。」伽利略的發
現與《聖經》相衝突，儘管有不少耶穌會學者能支持他
的觀測結果，但這位天文學家仍然受到異端指控，被迫
數年之間為自己辯護，史稱「伽利略事件」。最後，他在
1633年受到羅馬天主教宗教審判所的審判與判刑。審判
所發現伽利略有「強烈的異端嫌疑」，因為「在已經宣布
與神聖的經文相違背的情況下，仍然主張其意見為真，
為之辯護」，而後要求他「正式放棄、指責」自己的主張，
並判他入獄。後來他得到減刑，改為軟禁，在家中度過
餘生。

上圖：〈出席信理部的伽利
略〉，約瑟夫─尼可拉斯·羅
貝雅特─弗羅錫（Joseph-
Nicolas Robert-Fleury）繪。

對頁上圖：挪亞方舟座。1627
年，尤利烏斯·席勒發表了星圖
集《基督教天球圖》（Coelum
stellatum christianum），其獨特
之處在於以聖經與早期基督教
人物，取代古典神話角色，作為
星座。

對頁左下圖：伽利略觀察到土
星不規則的形狀，大感疑惑。
他把這種形狀的變化稱為「土
星的耳朵」。直到1655年，荷
蘭天文學家克里斯蒂安·惠更
斯（Christiaan Huygens）才發
現土星「受到細扁的星環所圍
繞，與黃道面傾斜」。同年，惠
更斯還發現了土星的衛星泰
坦。這張圖出自惠更斯的《土
星星系》（Systema saturnium,
1659）。

對頁右下圖：伽利略觀察到的
月球，1610年。

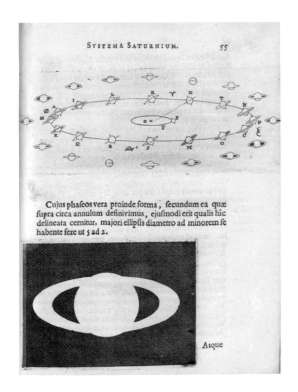

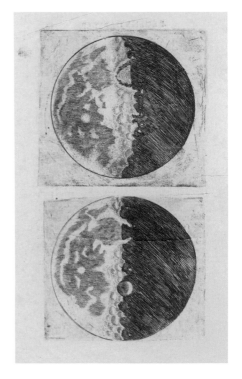

3-5 笛卡兒宇宙

　　正當伽利略為亞里斯多德的知識傳承，對抗基督教宇宙傳統信條時，年紀比他稍輕的同時代人——法國哲學家、數學家勒內·笛卡兒（René Descartes, 1596-1650）則是決定放棄古希臘著作，以自己的方式，按部就班追尋真理的基礎。笛卡兒追求確定性，這意味著從頭開始，重新以全面的懷疑為預設立場，直到剩下的全是無可否認的事物為止。他自己的存在通過了這樣的考驗，畢竟他思故他在：「當我們懷疑時，我們是無法懷疑自己

一張1769年的剪報，上面有各種天文儀器、世界地圖，以及哥白尼、布拉赫與笛卡兒的宇宙體系圖（笛卡兒體系位於圖的右下角與上中）。

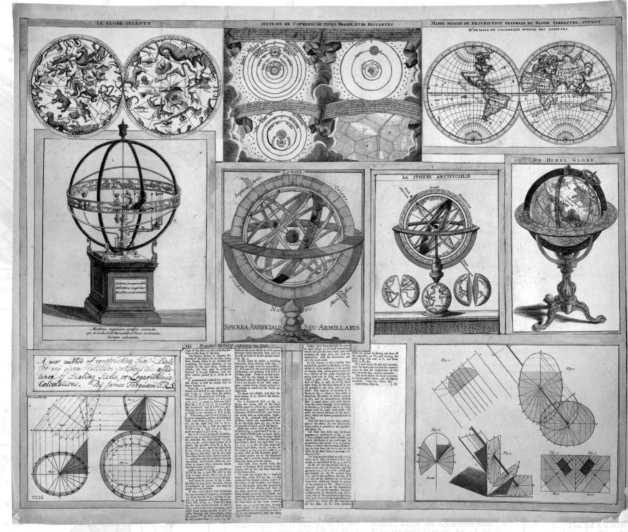

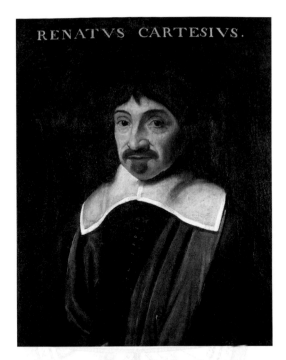

RENATVS CARTESIVS.

勒內·笛卡兒。

的存在的。」身為虔誠的天主教徒，笛卡兒證明上帝存在的方式是：如此完美的存有，是笛卡兒自己這種帶有缺陷的凡人思維所絕對無法構思出的。1641年，他在《第一哲學沉思錄》寫道：「在我所有的概念中，我對神的概念是最真實、最清楚也最明確的。」

那他對宇宙是怎麼想的呢？當時的人還沒有「真空」的概念。笛卡兒的主張與真空完全相反──「實空」。他的宇宙始於全然的混沌，是個充滿元素的宇宙。各元素粒子一起旋轉，成為巨大漩渦，遵循於他所提出的運動定律。只要有任何粒子移動，隔壁的粒子便會補上它的位置。這帶來了令人難以想像的概念──儘管物質能穿過空間，但物質與空間實為一體。

行星之所以能繞行於如此長、如此遙遠的軌道上，就是因為其重量使它們被甩到比周圍較輕粒子更遠的地方──就像在河道急彎處撞到岸邊的小船，而較輕的粒子不會被甩出河道。在亞里斯多德宇宙中（後來的宇宙模型亦然），天體是獨立存在的物體，根據各自的本質而運行。不過，若根據笛卡兒宇宙觀，界定行星的卻是行星的「運行」，整個宇宙彷彿無止境打轉的巨大沙粒漩渦。這在當時確實是個超乎尋常的構想（如今也是）。

（若想充分了解，最好還是參考笛卡兒原本用來說明這個概念的示意圖──見下頁插圖。）更有甚者，「宇宙中滿是這種漩渦」的構想也帶出了「恆星是各自星系的太陽，而各星系則彼此推來擠去」的概念。他的這種構想對未來的宇宙學有極大的影響。

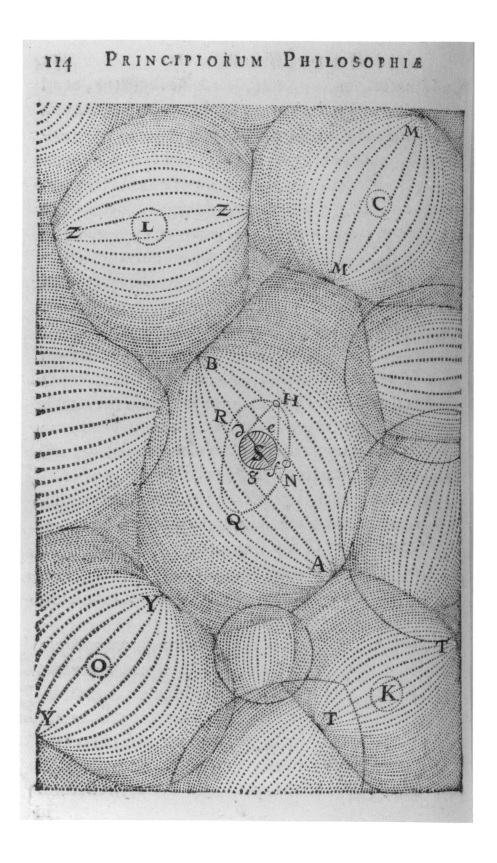

左圖：構成笛卡兒宇宙的眾多漩渦。太陽（由較輕的元素構成）依舊位於中心，至於由較重的粒子組成的各行星則被甩到外圍，環繞著太陽。更遠方的物質就甩出去了。

對頁圖：這張笛卡兒漩渦示意圖，是笛卡兒用來說明一顆垂死的恆星（以「N」代表）將會如何塌陷，導致該恆星被鄰近漩渦捲入的理論。假如恆星留在該漩渦，就會成為行星；假若它繼續捲入下一個漩渦，就會變成彗星。有鑑於此，笛卡兒的彗星走的是線性的路徑。但他這種托大的想法，卻遭到1758年哈雷彗星回訪所否定，人們藉此駁斥他的理論。

96 PRINCIPIORUM PHILOSOPHIÆ

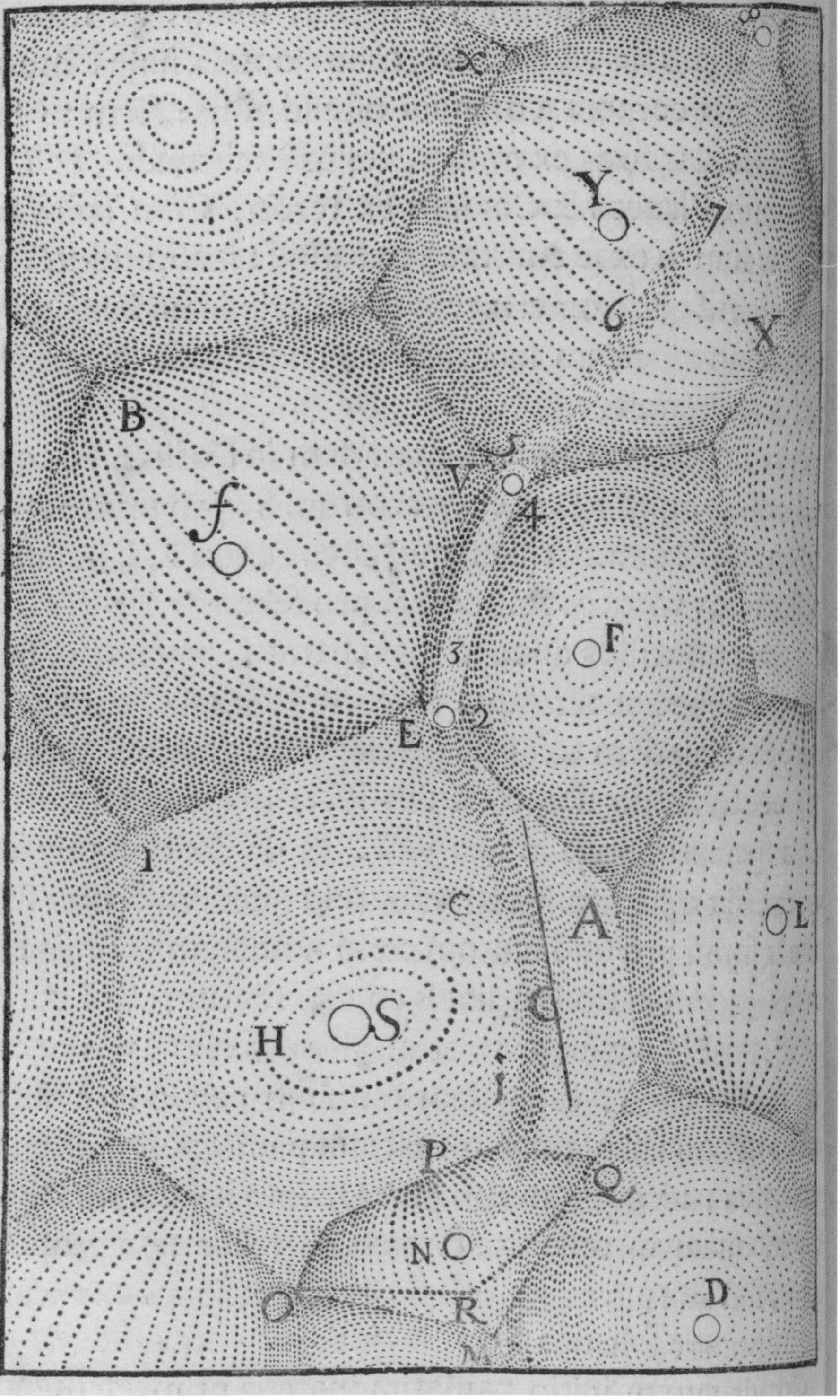

3-6 約翰尼斯‧赫維留斯的月球地圖

　　1679年9月26日，一名馬車伕點蠟燭時不慎引發大火，火苗撕裂了馬廄，導致隔壁的「星堡」（Stellaburgum）天文台陷入火海。造化弄人，這場火毀了星堡，也毀了某位仁兄花了40年時間所記錄的遠方繁星之火光。天文台屬於約翰尼斯‧赫維留斯（Johannes Hevelius, 1611-1687），是這位天文學家本人在但澤（Danzig，今波蘭格但斯克〔Gdańsk〕）所興建的。星堡是當時最好的天文台，格林威治與巴黎天文台甚至還在計畫階段。赫維留斯有少數藏書在建物倒塌前搶救出

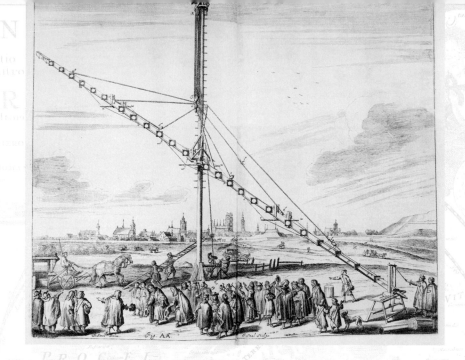

1641年，赫維留斯公開展示他那架長得驚人的150英尺（46公尺）望遠鏡。出自赫維留斯的《天文儀器》（*Machinae coelestis*）。

對頁圖：約翰·多佩爾邁爾（Johann Doppelmayr）的《月球兩半球地圖》，1707年首度發行。這張地圖是根據釀酒商兼天文學家約翰尼斯·赫維留斯1647年的觀測結果，以及義大利天文學家喬凡尼·巴蒂斯塔·里喬利的研究所繪製。里喬利為月球地貌發想了許多名稱，有許多仍為今人所使用（例如1969年，阿波羅十一號〔Apollo 11〕登陸月球的地點，「寧靜海」〔Mare Tranquillitatis〕）。

來，但大量資料與他親手打造的儀器卻付之一炬。面對這種天大的不幸，兩鬢花白、此時已68歲的赫維留斯認為只有一個選擇：他立刻著手重建天文台。

這位月面地形學與星座發現者出身於釀酒商世家，但赫維留斯在1639年6月1日觀察到日食之後，便改變志向，放棄祖傳事業，完全投身於天文學。1641年，赫維留斯在自有的三連棟房子屋頂架設天文台，配有各式精密儀器，更以約翰尼斯·克卜勒於1611年的設計為基礎，裝置了望遠鏡來畫龍點睛。克卜勒式望遠鏡改良了伽利略的設計，利用凸面鏡（而非凹面鏡）為接目鏡，提供更廣的視野，也提升了放大倍率。為了便於放大，望遠鏡筒的長度就必須妥善考慮。完工後，赫維留斯的望遠鏡達到150英尺（46公尺）的誇張長度，很可能是「無鏡筒」的對空望遠鏡發展出來之前所建造過最大的望遠鏡。

1647年，這位釀酒商兼天文學家已經製作出第一部月面地圖集——《月貌學》（*Selenographia*），描繪了月球表面所有能觀察到的細節。他親自為插圖製版，用自家天文台內的印刷機來印刷。其中一張月全圖甚至製作成可動的圓盤儀（volvelle，可轉動的盤面，附有一條測量繩，用於轉動月亮，使方向相符）。這部著作幾乎立刻讓

赫維留斯的鹿豹座，1687年。

赫維留斯的天鵝座。

長蛇座。

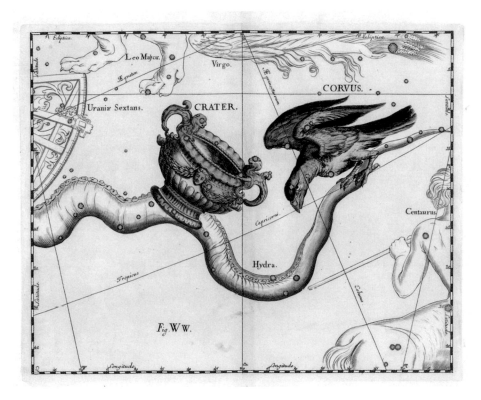

天貓座。

他在歐洲出了名。「他製作了超過30張大地圖，銅版印刷，呈現每日的盈虧，」英格蘭旅遊家彼得·蒙迪（Peter Mundy）在日記中讚許道，「揭密其陸地與海洋、山峰與河谷、島嶼、湖泊等，自成一個小世界，為每一部分命名，一如我們世界的地圖。」

赫維留斯在1649年繼承了家中的酒廠，儘管責任隨之而來，他又是市議員，但他依舊延續了自己對觀星的著迷。1652年至1677年間，他發現了4顆彗星（他因此形成理論，認為這種天體是沿拋物線軌道繞行太陽）與10個新的星座，其中有7個至今仍為人所認可。不過，最讓他開心的發現，則是他的第二任妻子伊莉莎白（Elisabeth）居然與他一樣熱愛天文學。這對佳偶仔細記錄各星座的位置。兩人的研究不僅證明宇宙以變易為本質，同時也鞏固了時人仍不願置信的太陽中心宇宙觀。等到天文台在1679年遭逢祝融時，赫維留斯的聲望已如日中天。他懇求法國國王路易十四（Louis XIV）金

安東萬·德費（Antoine de Fer）繪製的《南天球星座圖》，1651年。妙的是，該圖是設計成印為鏡像圖的，或許是為了祕密研究占星學之故。

對頁下圖：赫維留斯夫婦（約翰尼斯與伊莉莎白）一同觀測天文。

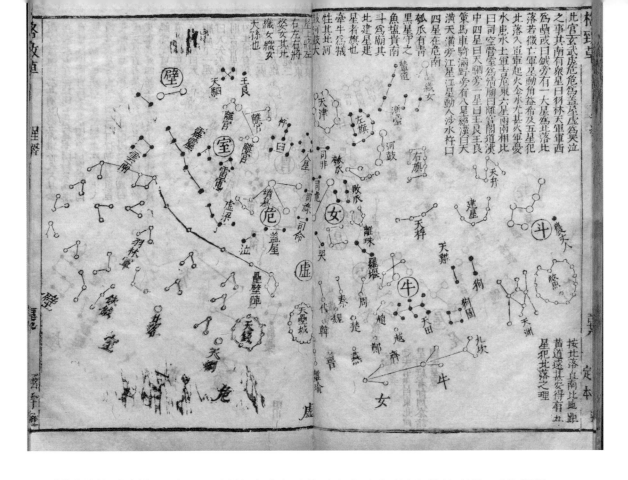

同時代的比較：發表於1648年的中文星座與星群圖。熊明遇的著作《格致草》，探討天體運行、月球與眾星，表現出與西方天文學類似的原則。

援他重建自己的天文台，國王馬上就答應他。（我們從這位天文學家的便條中得知，他在寫給路易十四的信上說：「我確定了天空中將近700顆此前未有紀錄的恆星，並將根據陛下您的名字為若干星命名。」）

在赫維留斯筆下，伊莉莎白是「我觀測夜空時的忠實助手」。1687年赫維留斯去世後，伊莉莎白獨自繼續研究，最終把兩人的研究發表為《天文學導言》（*Prodromus astronomiae*, 1690）——一份收錄有1564顆星的星表。當時，女性投入天文學研究可說是前所未有。一思及此，就更是讓人佩服伊莉莎白的成就。準此，世人尊伊莉莎白為第一位女性天文學家。約翰尼斯的月球地圖在超過一世紀的時間中都是圭臬，而他對星空的諸多發現至今仍為人所承認，可見他有多麼的天才。

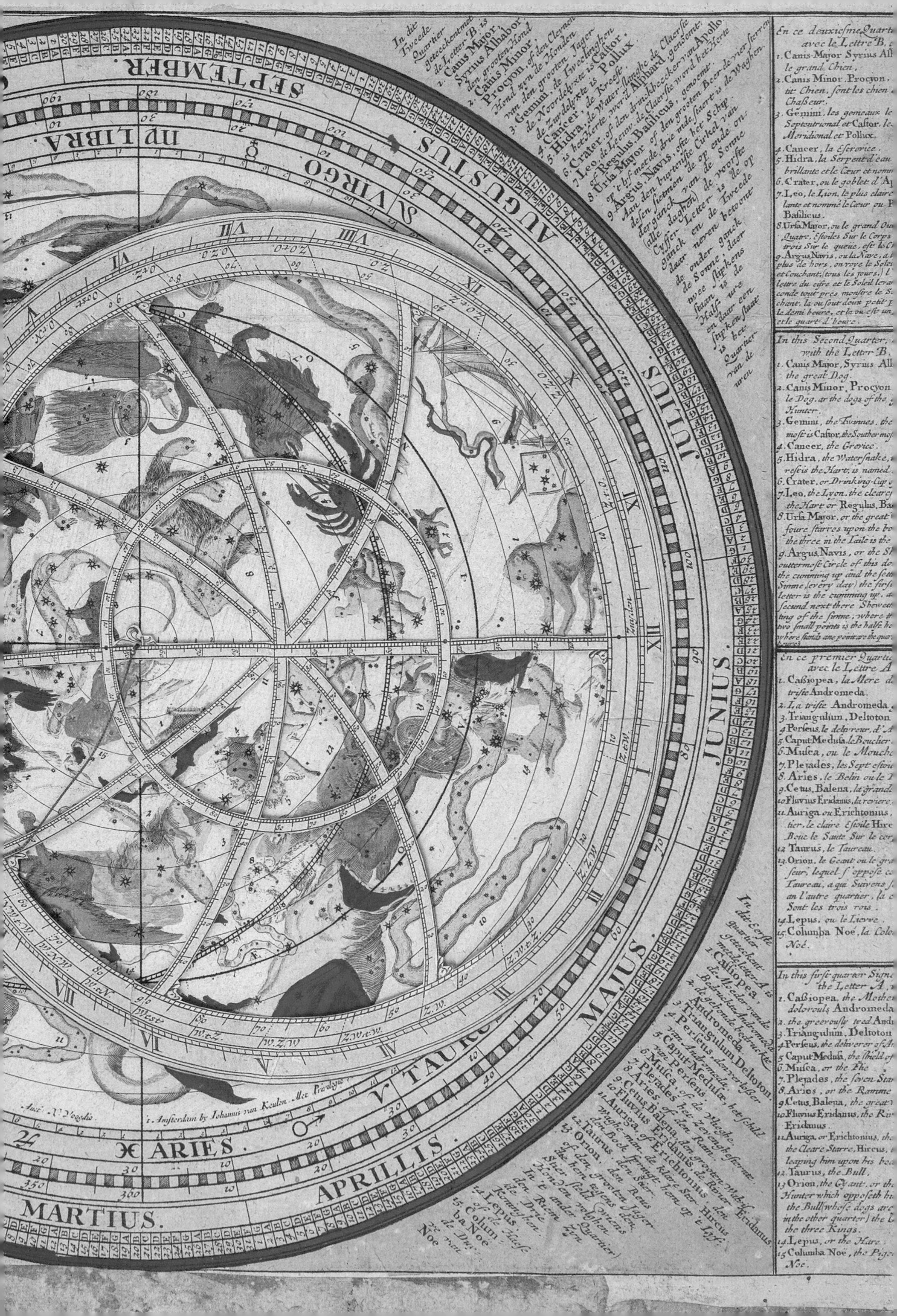

MARTIUS

APRILLIS

MAIUS

JUNIUS

JULIUS

AUGUSTUS

SEPTEMBER

♈ ARIES

♉ TAURUS

♍ VIRGO

♎ LIBRA

阿姆斯特丹人克萊斯·楊頌斯·弗格特（Claes Jansz Vooght）製作的巨幅天球圖，上面附了印刷的圓盤儀（可轉動的紙環），以利天文計算。約1680年。

〈包圍在天球中的地球之位置〉是張托勒密體系的地圖，出自安德烈亞斯·切拉里烏斯的《大宇宙之和諧》。咸認這部由約翰·楊頌尼烏斯（Jan Janssonius）出版於1660年的書，是歷來所製作最美麗的星圖集。

3-7　牛頓物理學

　　笛卡兒的漩渦論顛覆了傳統，令巴黎與劍橋的年輕知識分子備受鼓舞。不過，新的解釋固然令人興奮，看似能說明行星在觀測到的當下何以在那個位置，但笛卡兒的體系其實無助於天文學家預測天體的行蹤。笛卡兒的宇宙是混沌的宇宙，天體的運行完全無法預見。

　　推動行星運行的力量究竟為何？這對17世紀中葉的天文學家依舊是個謎。克卜勒相信，無論這是一股什麼樣的力量，皆必然源於太陽——宇宙的「靈魂」。太陽在笛卡兒那難以理解的實空系統中也有類似的地位——位於中央的巨大太陽能漩渦掃過天體，令它們沿著橢圓路徑前進。當時還有其他流行的理論。克卜勒本人便受到英格蘭醫生威廉·吉爾伯特（William Gilbert）著作的影響。吉爾伯特在1600年發表《磁石論》（De magnete...），提出「地球是個巨大磁鐵」的理論。這解釋了物體為何會落回地面，以及羅盤的原理。

　　自從1660年英格蘭皇家學會成立以來，其成員對於行星運行、彗星軌道與地球磁力等議題已有多方討論。到了1674年，學會的實驗講師，多產的天才羅伯特·虎克（Robert Hooke, 1635-1703）發表他最重要的數個「假說」，以我們今日所熟知的方式處理「重力」的概念，視之為普遍的吸引力。第一個假說是，天體（包括地球）所擁有的吸引力不僅會影響自身，也會影響其他天體。第二個假說是，所有天體一旦施力往特定方向做簡單運動後，「將繼續沿直線前進，直到受其他有效外力影響而轉向，呈現圓、橢圓或某種其他複合曲線路徑」。第三個假說是，牽引力取決於「受作用與施加作用之天體，兩者的中心有多靠近」。虎克提出的第二種假說，等於是對行星運行動力學最早、最真實的描述；但就第三種假說

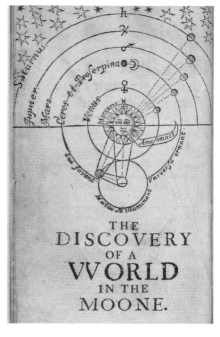

約翰·威爾金斯（John Wilkins）的《發現月球世界》（*The Discovery of a World in the Moone*, 1638）。這位自然哲學家兼皇家學會創始成員，在書中探討登月的可能性——首先提出這個想法的人是威廉·吉爾伯特，他認為只要能逃離地球的磁力，就能登月。

對頁圖：貝爾納·勒·布耶·德·豐特奈爾（Bernard Le Bovier de Fontenelle）的《論多重世界》（*Entretiens sur la pluralité des mondes*, 1686），書中透過一位哲學家與一位淑女之間的優雅對話，解釋哥白尼的世界體系與笛卡兒機械宇宙論。

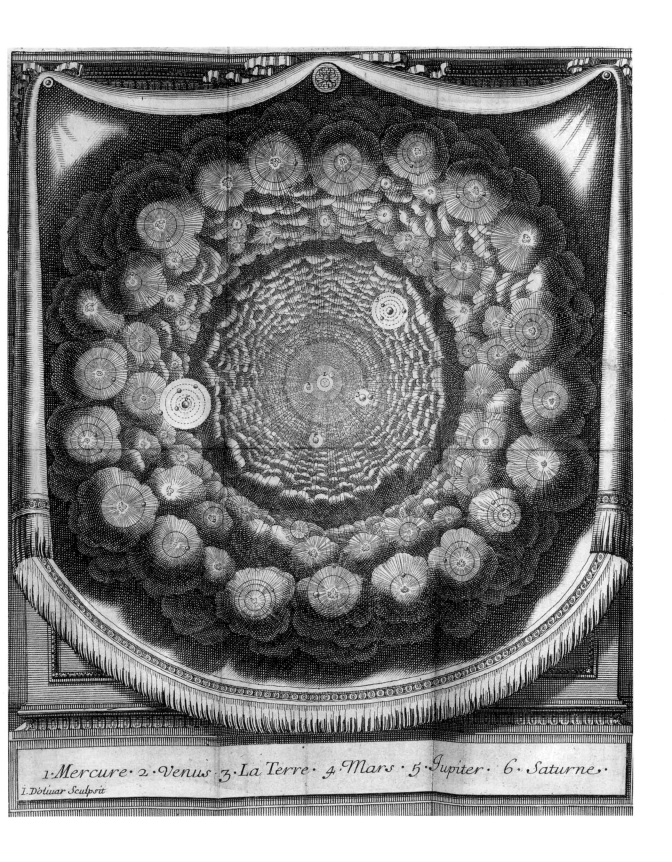

1. Mercure · 2. Venus · 3. La Terre · 4. Mars · 5. Jupiter · 6. Saturne ·

I. Dôluuar Sculpsit

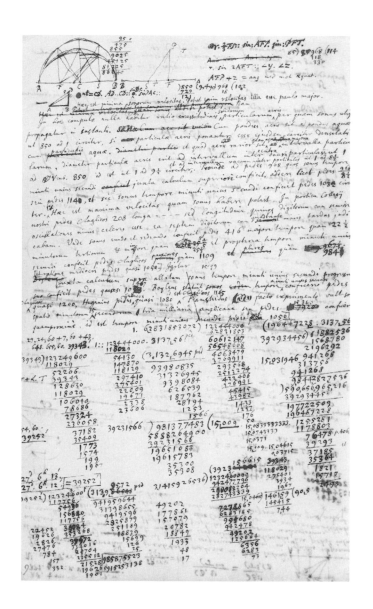

牛頓為《自然哲學的數學原理》所作的筆記。

而言，他必須有精確公式，以計算特定天體的吸引力，是如何隨本身與受吸引物體之間的距離而有所增減。

為此，虎克訴諸於「平方反比」定律（強度跟與吸引力源頭之距離的平方成反比），並去信人在劍橋的以撒・牛頓（Isaac Newton, 1642-1727），附上自己的想法。此時的牛頓是笛卡兒派，正跟漩渦造成的問題角力，虎克的主張因此令他感到饒富興味。1679年與1680年之交的冬天，他與虎克魚雁往返，隨後著手解決這個問題。

1684年1月，埃德蒙·哈雷（Edmond Halley, 1656-1742）與克里斯多福·雷恩爵士（Sir Christopher Wren, 1632-1723）和羅伯特·虎克討論之後，前往劍橋拜訪牛頓。根據數學家亞伯拉罕·棟美弗（Abraham de Moivre）的說法，哈雷問牛頓，假如行星對太陽的吸引力跟兩者間的距離之平方成倒數關係，那麼他認為行星會順什麼樣的曲線而運行？牛頓回答，會是橢圓曲線。他怎麼知道？「為什麼嗎……因為我算過了。」

　　牛頓最初寄了9張算式給哈雷作為證明，而這9張紙就是假說與計算的早期草稿，最終發展成1687年發表的三卷本《自然哲學的數學原理》（*Philosophiæ naturalis principia mathematica*）──科學史上最重要的著作之一，一般簡稱為《原理》。[11] 用這把新的鑰匙破解天體數學中涉及運動的無數部分──牛頓認為，「如果我沒說錯」，這樣的挑戰「超越了所有人類心智的力量」。笛卡兒那個擁擠、有形的「實空」已成歷史，取而代之的是太空，週期性運行的天體刺穿這片真空，在施加吸引力的同時也受到吸引力所制約。牛頓詳細探討虎克一開始提出的想法：吸引力的平方反比定律，放諸所有物體皆準，無論其體積──從一顆石頭到一顆行星皆準。吸引力的效果只會隨距離而減弱。比方說，兩個體積相同的物體，與月球之間的距離也相同，就算其中之一深埋在土裡，這兩個物體對月球的牽引力也是一樣大。接下來好幾年，即便是牛頓的追隨者，也難以理解這種觀念──有些人指出，上帝才是牽引力的源頭。不過，牛頓繼續鑽研這個概念，終能成功證明地球對月球的拉力，就是讓月球偏離直線路徑、環繞我們這顆行星的原因，而地球把一顆落石拉回地表時，作用的也是同一種吸引力。

　　隨著驚人的新發現問世，牛頓原本的專書也迅速擴充其篇幅。潮汐？是月球與太陽牽引的結果。至於從希帕求斯時便困擾學者的分點歲差問題（見〈1-6 層層

以撒·牛頓爵士，1689年。

天球〉），則是以「地球的旋轉讓赤道部分膨脹，兩極變得平坦，導致自轉時發生晃動」來解釋。當然，這種現象也是引力所導致的。（不過，牛頓原本提出的歲差等式並不成立，後來是由尚·勒朗·達朗貝爾〔Jean le Rond d' Alembert〕在1749年對此做出修正。）新的吸引力定律同樣讓牛頓得以研究擁有衛星的行星，從其衛星的運行而推敲出行星的質量。這也讓他理解到，木星與土星是能讓地球相形見絀的巨大行星，不過太陽系仍能因為它們與太陽之間相當遙遠的距離而保持穩定（他認為上帝不時的介入，也是有助於穩定的因素之一）。然而，牛頓對眾星的注意力有限。[12] 沒有證據顯示這些星星（從彼此的相對位置來看）有一丁點移動，因此也沒有理由為古希臘人的「恆」星主張起爭執。事實上，牛頓在《原

埃德蒙·哈雷。約翰·費伯
（John Faber）製作的版畫。

理》一書中，就是用「恆」（fixa，亦即「恆星」〔stella fixa〕
一詞的「恆」字）來稱呼這些星星。

　　笛卡兒體系採用哲學語言表達，以「充滿無止境碰
撞的宇宙」為物理框架，其吸引力在於相對容易理解。
但牛頓的《原理》卻建立在複雜的數學上，觀念也更艱
澀──他無法解釋那種隱形的力，只能指出其效果，作
為存在的證明。需要一點時間，才能讓主流知識界接受
吸收。不過，所有對其正確性的質疑，都在1758年，一顆
彗星出現在天空中而消失了，因為，這是人類史上第一
次預測到彗星的行蹤。1705年，埃德蒙·哈雷便精準預測
到這顆彗星會出現，而他運用的正是牛頓的運動定律。

IDEA DELL VNIUERSO

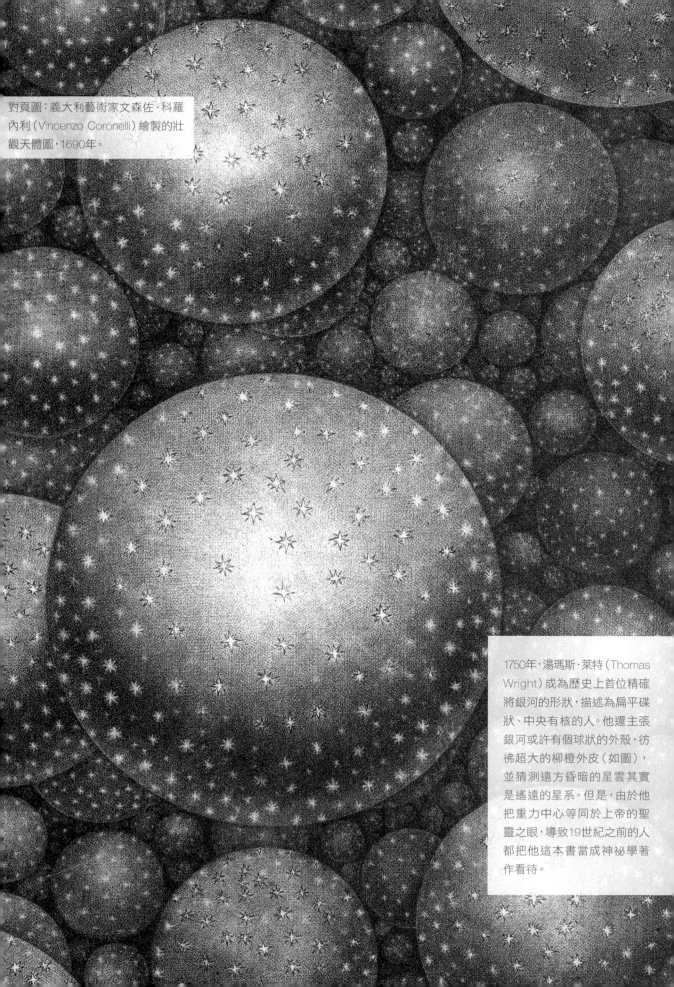

對頁圖：義大利藝術家文森佐·科羅內利（Vincenzo Coronelli）繪製的壯觀天體圖，1690年。

1750年，湯瑪斯·萊特（Thomas Wright）成為歷史上首位精確將銀河的形狀，描述為扁平碟狀、中央有核的人。他還主張銀河或許有個球狀的外殼，彷彿超大的柳橙外皮（如圖），並猜測遠方昏暗的星雲其實是遙遠的星系。但是，由於他把重力中心等同於上帝的聖靈之眼，導致19世紀之前的人都把他這本書當成神祕學著作看待。

3-8　哈雷彗星

　　靠著埃德蒙・哈雷好說歹說，牛頓才同意出版《自然哲學的數學原理》。牛頓在書中提出理論，認為彗星也服從於同一種吸引力平方反比定律：它們也是太陽重力的囚犯（除非有足夠的速度能逃脫），但它們運行的速度快得多，因此其軌道也會比行星近乎於圓形的軌道更偏向長橢圓。這種看法與前人的信念相衝突，虎克也不例外──他基本上不管彗星，認為彗星不受吸引力的影響。1680年11月，有人發現一顆彗星朝太陽而去，12月時又有另一顆從相反方向而來。格林威治天文台皇家天文學家約翰・佛蘭斯蒂德（John Flamsteed）提出破天荒的看法，認為兩者是同一顆彗星（而且還真的是）。不過，佛蘭斯蒂德的解釋卻與實情差了十萬八千里。他得

馬陶斯・佐伊特（Matthaus Seutter）繪製的天球模型，上面畫了1742年3月與4月出現的明亮彗星。

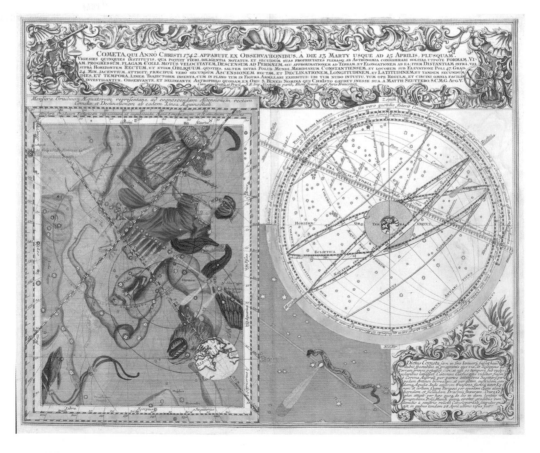

貝葉掛毯（Bayeux tapestry）
描繪了哈雷彗星在1066年出現
的場景（見圖中上）。

出笛卡兒式的結論：這顆彗星被巨大的太陽能漩渦捲了
進來，接著像磁鐵同極相斥一般，被太陽推上往外的路
途。然而，牛頓寧可相信彗星擁有「指向太陽的羅盤」，
也就是說，它會繞過太陽背面，接著被彈射出去，走上

夏爾·梅西爾（1730-1817）所
繪的獵戶座星雲。這位法國業
餘彗星獵人所記錄的星表裡，
有超過100個「星空深處的物
體」，這是他從1753年起花了3
年時間，在巴黎克魯尼飯店搖
搖晃晃的頂樓，用4英寸（10公
分）望遠鏡觀察到的。儘管梅
西爾一開始是出於不想重複記
錄的心情而製作這份清單（他
只對彗星有興趣），但他偶然
間的發現卻更有重要性，羅列
了發散星雲、行星狀星雲、疏
散星團、球狀星團與星系的絕
佳實例。梅西爾的深太空星表
此後便受人深入研究。

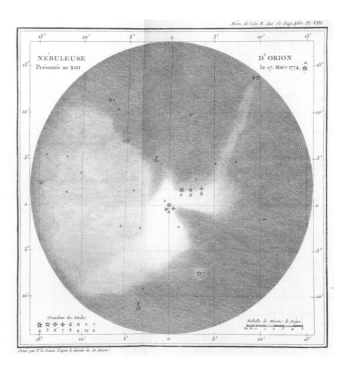

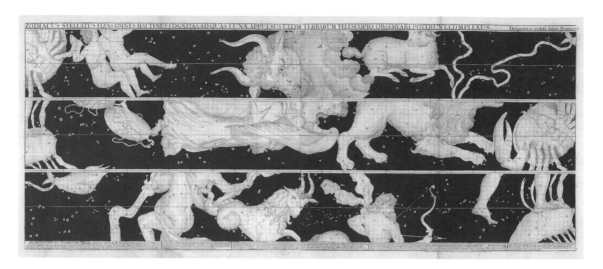

回程的橢圓軌道。

　　哈雷始終咬定有些彗星是沿著橢圓軌道移動的週期性訪客。他意識到，若要證明這個想法，甚至證明牛頓科學，就必須在史料中尋找彗星出現的模式。於是他著手爬梳數世紀以來的目擊紀錄，尋找可能是同一顆星際旅客所引發的事件。1682、1607與1531年的彗星脫穎而出，它們全都以逆行軌道前進（也就是與眾行星方向相

〈黃道星座〉（約1746）是哈雷根據皇家天文學者約翰·佛蘭斯蒂德，在格林威治天文台的觀測所繪製，這是因為佛蘭斯蒂德只允許他人發表其星表上的文字。

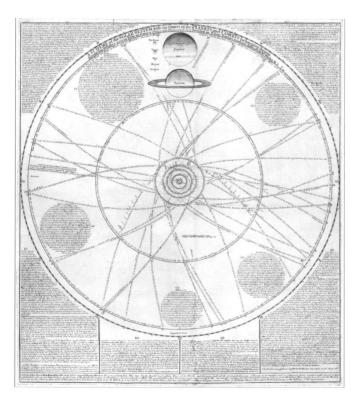

威廉·惠斯頓（William Whiston）根據哈雷的彗星表所繪製的〈太陽系結構及其行星與彗星軌道〉。這位英格蘭神學家相信彗星是聖經中的大洪水以及人類過去歷史上災難的原因。他認為彗星上住滿了人，有著「許多的地獄，用慘無止境的高熱與酷寒，折磨那些受上天詛咒之人」。

1750年，法國天文學家尼可拉-路易·德·拉凱葉（Nicolas-Louis de Lacaille, 1713-1762）前往好望角，編纂第一部全面的星表，羅列超過一萬顆南天球的恆星，並透過三角學判定行星的距離。我們發現後來的星圖上出現了他的研究，包括1787年由約翰·以樂·波德（1747-1826）製作的星圖，就出現了德·拉凱葉新命名的玉夫座與唧筒座（後者對德·拉凱葉來說，是嶄新的發明）。

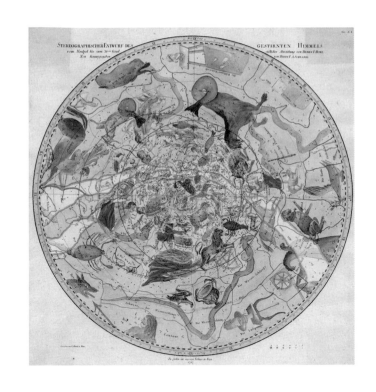

夏爾·梅西爾的〈北天球圖〉，出自1760年的《皇家科學院學報》（Mémoires de l'Académie royale des sciences）。這張圖是指認哈雷彗星的重要工具。

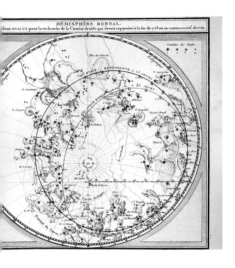

反），出現的間隔也差不多是75至76年。這個時間確實不夠精確，直到哈雷意識到之所以不精確，可能是彗星經過各個行星時受到其影響，改變了路徑，但從未偏離基本的軌道。如果他說對了，那麼這顆彗星下一次將「大約在1758年底，或是隔年年初」出現——他做出預測。

隨著哈雷預測的時間愈來愈近，人們一方面極為興奮，[13] 能以如此戲劇性的天體現象證明一次天文學預測是否正確；另一方面，仍然有人把彗星的出現與不祥之事想在一塊兒，因此提心吊膽起來。會不會因為未預見的行星影響而導致彗星遲到？對此，哈雷預測到了一部分，但他忽略了把彗星先前遠離太陽途中，受到木星牽引的情況算進去。不過，法國天文學家阿萊克西·克勞德·克萊羅（Alexis Claude Clairaut, 1713-1765）與妮可—雷訥·勒波特（Nicole-Reine Lepaute, 1723-1788，當時少數正式在天文學領域工作的女性）以及傑羅姆·拉朗德（Jérôme Lalande, 1732-1807）注意到了這點，調整了哈雷的計算，更精確預測了彗星將在1759年4月通過近日

點（天體在移動過程中最靠近太陽的一點）。哈雷與法國人的預測都很準確：日耳曼農夫兼天文學家約翰・格奧爾格・帕利奇（Johann Georg Palitzsch, 1723-1788）在1758年的耶誕日第一個目擊到彗星。彗星最終在1759年3月13日通過近日點。（木星與土星的牽引，導致618天的延遲。）這一顆彗星，與彼得羅斯・阿皮亞努斯（Petrus Apianus）在1531年記錄到的，以及克卜勒在1607年觀察

上圖：約翰・佛蘭斯蒂德於1729年出版的《天體圖集》（*Atlas coelestis*），堪稱歷來最美麗的星空圖集之一。此處畫的是金牛座與獵戶座。

到的，都是同一顆。其實，連巴比倫天文學家在西元前
164年，以及中國天文學家在西元前240年觀察到的，也
都是同一顆彗星。哈雷憑藉《彗星天文學》（*Astronomy of Comets*, 1705）的大綱，成為第一個證明彗星週期性出現
的人，只可惜他在1742年過世，來不及看到他的計算，以
及牛頓科學定律以如此壯觀的方式受到肯定。

印度拉賈斯坦（Rajasthan）製作的手繪星圖（約1780），呈現南北天球。托勒密曾列出的古代星座以金色點綴。16世紀歐洲發生科學革命之後許久，托勒密天文學仍舊影響著印度的天文學；直到19世紀晚期以前，人們依然為了天文學的目的而複製這些星圖。

4 現代的天空

隨著埃德蒙·哈雷的成功證明，牛頓的科學也在18世紀中葉廣泛得到接納。由於望遠鏡倍率愈來愈高，精確預測天體位置與對天體的分類都攀上高峰。不過，到了19世紀，新的執念開始浮上檯面，驅動了在化學、物理學、數學與地質學方面最新一波的發展。一旦對地球的組成有更多的認識，便能更了解恆星、彗星與行星的構造。但是，碰觸不到的東西該如何證明呢？

「擁有五感的人類，探索周圍的大千世界，稱這種冒險為『科學』。」

——埃德溫·哈伯

右圖：科學固然能提供更成熟的解釋，但神祕理論仍然人氣不墜。占星師以便以謝·希布里（Ebenezer Sibly）用1794年的天球圖〈內天（又稱火中天）體系，顯示路西法之墮落〉，提供另一種版本的天空。

對頁圖：19世紀的蒙古占星書。手稿上畫了數十張佛教僧侶用於計算黃道吉日，以及預測天文世界所用的星圖。文字以圖博文寫就，並嚴格根據《時輪恒特羅》（Kalachakra Tantra, 1024）等重要的佛教宇宙學研究傳統製作而成。

後頁對開圖：〈北極光〉，弗雷德里克·丘奇（Frederic Church）繪於1865年。這幅畫有弦外之音：美國內戰時，許多人把極光詮釋成上帝對邦聯擁護蓄奴之舉發怒，以及聯邦的勝利有多麼重要的預兆。

情況漸漸明瞭——一切所需的資料，都是由光帶來的。光譜學的誕生，讓學者得以透過稜鏡，將光根據其波長而分散，從而辨別發光物體的化學成分。這最終帶來了新的天文學分支：天體物理學，堪稱天空研究的革命。詩意盎然的是，18世紀晚期那位成果豐碩，在研究這種和諧星光的過程中扮演關鍵角色的威廉·赫謝爾（William Herschel），其實學的不是天文學，而是音樂。

4-1　赫謝爾兄妹威廉與卡洛琳

　　威廉・赫謝爾（1738-1832）原本是日耳曼難民，移居不列顛之後，才獻上那些令他成為史上最偉大天文學家之一員的發現。法蘭西王國在1763年取得七年戰爭的勝利，而在戰時，赫謝爾的故鄉漢諾威卻是作為反法的不列顛聯盟成員而戰，他也因此在戰後逃到英格蘭。他受過音樂專業訓練，財務狀況在獲命擔任巴斯（Bath）的八角禮拜堂（Octagon Chapel）管風琴師之後得到改善，財務穩定的新局面讓他有能力追求其他興趣。在他的眾多興趣當中，最主要的就是天文學。他如飢似渴地讀

赫謝爾兄妹威廉與卡洛琳正在處理一面望遠鏡的反射鏡。

螺旋星系NGC 2683，因為飛碟般的外形而戲稱為「幽浮」星系。威廉·赫謝爾在1788年2月5日發現這個星系，位置在天貓座北方。（這個星座之所以叫「天貓座」，居然不是因為跟貓有任何相似之處，而是因為太過黯淡，必須有貓一般敏銳的視覺，才能注意到它。）

書，例如羅伯特·史密斯（Robert Smith）的《光學體系大全》，以及《以撒·牛頓爵士定理所詮釋的天文學》——後者對於沒有受過數學訓練的人來說，是很有用的「深入淺出」。由於渴望一見這些書中提到的光景，以及更遙遠的景象，赫謝爾開始打造自己的反射式望遠鏡。他放棄了雖受人歡迎，價格卻很昂貴的折射式望遠鏡鏡片——純粹是因為無法提供他需要的倍率。他轉而用彎曲鏡面製作自己的反射式望遠鏡原型。

赫謝爾自己磨製反射鏡。[14] 1774年3月4日，他和妹妹卡洛琳（Caroline, 1750-1848）一同合作，以5又1/2英尺（1.6公尺）焦距的反射鏡觀察到獵戶座星雲。從赫謝爾的日記看來，他立刻注意到星雲的外型與羅伯特·史密斯的插圖相比，已經有了看得出的變化。時人觀察到的星雲只是乳白色、形狀模模糊糊的東西（「星雲」一詞源自拉丁文的「霧」），也沒有任何有關其組成的發現，只是推測它們可能是由輕柔、帶輻射的流體構成，「閃耀其本身應有之光澤」——這是埃德蒙·哈雷的看法。赫謝爾驚訝發現星雲會改變形狀，「恆星絕對是會改變的」。他受此鼓舞，立志解開星雲以及他和卡洛琳夜觀星空時找到的謎團。

到了1781年，赫謝爾的設備升級成7英尺（2.1公尺）

反射望遠鏡。他在3月例行觀測雙子座時，注意到此前人們以為是恆星的天體，其實是個「行星」（wanderer）——也就是今人所說的天王星。他成為信史上第一個發現新行星的人。赫謝爾起先認為這是顆彗星，並通知皇家天文學家內維爾·馬斯克萊恩（Nevil Maskelyne）——馬斯克萊恩的設備比較差，意味著他無法觀察到這個天體。俄羅斯學者安德斯·約翰·勒克塞爾（Anders Johan Lexell）證實該天體具有行星的性質之後，赫謝爾便以英王喬治三世（George III）之名，將此天體命名為「喬治之星」（Georgium sidus）。但人們很快便改稱為天王星，令赫謝爾大感懊惱。（約翰·以樂·波德〔Johann Elert Bode〕後來發現托比亞斯·邁爾〔Tobias Mayer〕在1756年便提到這個物體，約翰·佛蘭斯蒂德更是在1690年就有記錄——兩人都認為這是顆恆星。）這項發現為赫謝爾贏得御用天文學家的職位。有了隨之而來的津貼，加上製作望遠鏡的收入，赫謝爾兄妹得以把所有時間投入於細查整個天空。

幽靈星座的實例。這個「赫謝爾望遠鏡座」（出現在這張1825年星座圖天貓座的下方）是天文學家馬克西米利安·赫爾（Maximilian Hell）為了紀念赫謝爾發現天王星而創的，但到了19世紀時已經無人使用。

1766年，亨利·卡文狄許（Henry Cavendish）發現氫氣，稱之為「可燃氣體」。不過，最讓他聲名大噪的，或許是他發表自己測量地球密度的實驗。圖中就是他用來測量的儀器，其設計是根據他的朋友約翰·米歇爾（John Michell）所做的研究。米歇爾最令人印象深刻的成就，莫過於在1783年便提出黑洞理論——他稱之為「暗星」，主張這種星體的直徑為太陽的500倍，大到其重力能拉住光，不讓它逃脫，因此無法看見。

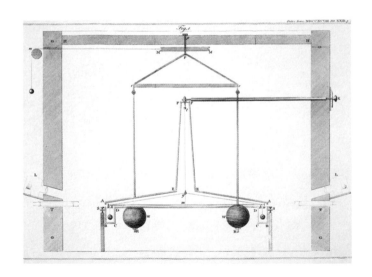

後來在1781年，赫謝爾在配有直徑18英寸（45公分）反射鏡的20英尺（6公尺）大型望遠鏡的幫助下，重新回到星雲之謎，並開始掃視整個英格蘭的天空，尋找這種現象。他手邊是夏爾·梅西爾（Charles Messier）製作的星表（見〈3-8 哈雷彗星〉），上面羅列了68個星雲、星團與銀河系。接下來20年，赫謝爾兄妹運用他們的強大儀器，按部就班尋找每一平方英寸的天空，更在1789年啟用更大的40英尺（12公尺）望遠鏡。

卡洛琳在威廉的成就中所扮演的角色，以及她自己的發現，卻經常為人所忽略。卡洛琳在與哥哥合作一同觀星的生涯中，這位第一個發現彗星的女性自己就發現了2400個以上的天體。加上她一開始身體條件就不好，這更是了不起：孩提時，一次斑疹傷寒讓她左眼失明，身高也只有4英尺3英寸（130公分）。身為女性，她不得學習數學，因此在工作時被迫參考各式各樣的計算表。卡洛琳從記錄哥哥的研究開始，但她發現約翰·佛蘭斯蒂德根據星座排列的星表很不好用，於是她自己創造星表，按照跟天北極的距離分門別類——她把這個差事稱之為「照料天空」。有一點必須澄清：她是自己搜索天空。1783年2月26日，她發現了一個梅西爾並未標示的星雲，同年又發現了另外兩個。威廉於是立刻著手自己尋

威廉·赫謝爾畫的星雲插圖。

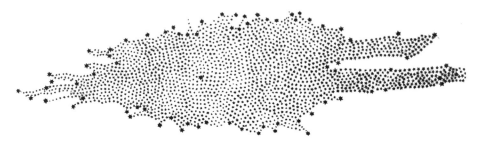

威廉・赫謝爾的銀河速寫，星系
中間那顆大星代表太陽系。

找星雲，而卡洛琳則是滿不情願，降格去記錄他的觀察。
「我站在結滿露水或結霜的草皮上整晚觀星，周圍沒有
一個人近到能聽到我的叫喚，」她寫道，「直到這一年的
最後兩個月，我才感到一丁點鼓勵。」

　　1786年至1797年間，卡洛琳發現8顆彗星，其中5顆
發表在皇家學會的學報上。前7顆彗星是用她哥哥為她
製作的望遠鏡發現的，但在1797年8月6日發現的第8顆，
也是最後一顆，卻是她以肉眼觀測到的。她立刻騎了30
多英里（48公里）的馬，前往格林威治天文台，告訴皇家
天文學家馬斯克萊恩。她成為第一位從事科學工作領
薪水的女性，當時甚至連男性都很少能以此為職業。此
外，她還獲得皇家天文學會的金獎章，成為該學會與愛
爾蘭皇家學院的榮譽會員，並得到普魯士國王頒贈的
科學金獎章。她製作的兩份星表至今仍在使用，而雨海
（Mare Imbrium）西側的月面隕石坑，更是為了紀念她而
命名為「C. 赫謝爾」。

　　到了1802年，赫謝爾兄妹已共同記錄了驚人的2500
個星雲，遠勝梅西爾觀測到的數字。1820年，他們發表
一份有5000個星雲的星表。但天空中這些發亮的霧團，
究竟是由什麼組成的？赫謝爾憑藉自己的高倍數望遠
鏡，判定某些比較暗的星雲是密集的星團，至於其他乳
白色的星雲，則是「貨真價實」的星雲，由發光的流體組
成。1784年6月，赫謝爾在皇家學會發表這項理論，但幾
乎立刻意識到自己出錯了。乳白色的星雲狀物其實是更
遠的距離造成的──所有星雲都是星團。

　　1785年，他把自己對星系及其起源的再思考，發表

威廉·赫謝爾的20英尺（6公尺）反射式望遠鏡。

一張結合了歐洲黃道座標系，與中國赤道座標系的星圖，1821年。圖上以詩文說明星星的位置。

為《論天體建構》（*On the Construction of the Heavens*）。恆星原本是平均分布，而後逐漸受重力牽引而聚集。這跟後來法國天文學家，皮耶—西蒙·拉普拉斯侯爵（Pierre-Simon, marquis de Laplace, 1749-1827）發表於1796年的《宇宙系統論》中的結論，可說完全相符。拉普拉斯提出的起源故事是：原本有個巨大星雲繞著太陽旋轉，繁星與眾行星便是由這個星雲中凝聚而成。（拉普拉斯的「星雲假說」也解釋了行星為何都以相同的方向繞行太陽。）赫謝爾在1790年目擊到「一次最獨特的現象」之後，修改自己對星雲狀天體的看法——他看到一顆明亮的星，有著微微發光的大氣。他認為自己看到的是一顆恆星從鬆散的星雲凝結而誕生。他修正自己對星系的看法，重新把星雲帶入其中。此前，人們普遍認為獵戶座星雲距離我們的星系太遠（而且人們也認為獵戶座星雲事實上比銀河系大），所以無法看到其中的恆星，但赫謝爾把它重新擺進銀河系裡。如今，我們的星系「不僅是最燦爛的，也是最廣大的恆星系」。

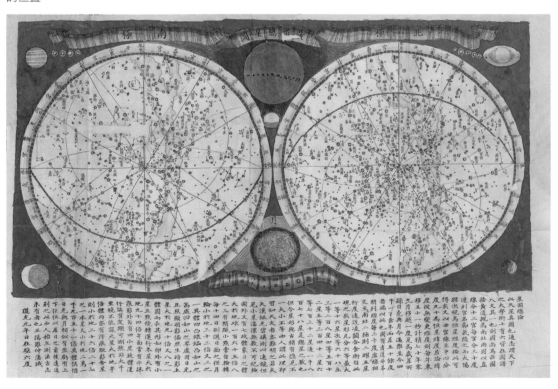

4-2 「小行星」一詞的誕生

傑西·拉姆斯登（Jesse Ramsden, 1735-1800）和他的刻度機，後方的大圓環是他為帕勒莫天文台所製作的。

天文學家朱塞佩·皮亞齊（Giuseppe Piazzi, 1746-1826）。

　　在妹妹卡洛琳的幫助下，威廉·赫謝爾的發現清單不斷擴增。仰仗自己望遠鏡的超凡能力，他還發現了土星的兩顆衛星「彌瑪斯」（Mimas，土衛一）與「恩克拉多斯」（Enceladus，土衛二），以及天王星最大的兩顆衛星「泰坦妮雅」（Titania，天衛三）與「奧伯龍」（Oberon，天衛四）。（這幾個衛星都是赫謝爾死後由兒子約翰所命名。）此外，赫謝爾計算出火星的自轉軸傾角，並發現1666年首度由喬凡尼·多美尼科·卡西尼（Giovanni Domenico Cassini）觀測到，而克里斯蒂安·惠更斯（Christiaan Huygens）也在1672年觀測到的火星冰帽，其大小會隨著火星的季節而改變。赫謝爾自己做實驗，用

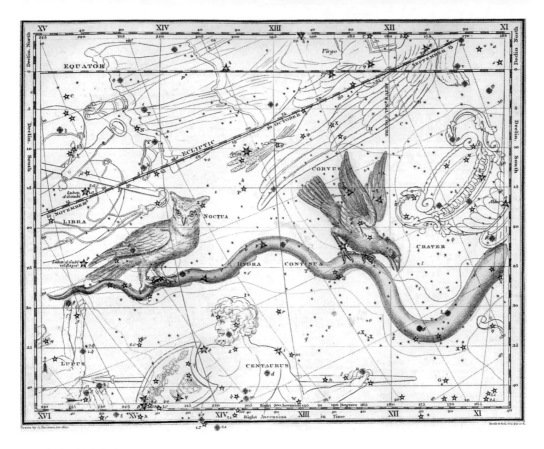

亞歷山大·傑米森（Alexander Jamieson）所繪的貓頭鷹座（Noctua，今已廢除）。出自傑米森的《星圖》（A Celestial Atlas, 1822），書中只收錄肉眼可見的星座。

稜鏡分離光線，藉此測量不同顏色的溫度，並因此帶來一項驚人發現：最高的溫度出現在光譜上的紅色區塊之外，而且完全不可見——這就是今天所說的紅外線，對光譜研究來說極為重要。

雖然赫謝爾身為歐洲第一流強大觀測儀器製造者的地位難以撼動，不過，整體的儀器製作科學發展依舊飛快。人在倫敦的數學家兼傑出發明家傑西·拉姆斯登製作出最早的先進「刻度機」之一——這種裝置讓工匠得以在工具上標出極為精密的刻度（量尺），改善使用這些工具記錄時的精準度。拉姆斯登的工坊及其刻度機在1789年帶來一項創造力獨樹一格的壯舉：一個獨特、垂直的輪子，中心有兩個彼此面對的儀器，用於測量高度。這個儀器是西西里島帕勒莫（Palermo）的天文台——歐洲最南天文台的特別委託；設備抵達帕勒莫之後，義大利籍天主教神父朱塞佩·皮亞齊便著手創造自己的星表。

19世紀伊始，皮亞齊就利用這個「帕勒莫圈」

（Palermo Circle），以超乎以往的精確標示了8000顆星的位置。但在1801年1月1日，他注意到一件不尋常的事。一顆他前一晚分類過的星星改變了位置。隔天他再度檢查，確認這顆星確實移了位，進而意識到自己發現了太陽系內的新天體，說不定是顆新的行星。這個天體確實符合「波德定律」（Bode's law）的預測——約翰·以樂·波德在前一個世紀提出假設，認為天體會根據一套行星序列而運行。這個假設跟克卜勒有關。克卜勒注意到火星跟木星的間距大得不成比例——想必有顆尚未發現的行星等在那裡，這是上帝的完美幾何學中尚未揭露的一部分。赫謝爾發現的天王星也落在波德定律預測的範圍內——以預期中的間隔比例出現在土星外的下一顆行星，人們因此認為皮亞齊的發現（他以羅馬農業女神與西西里國王斐迪南〔Ferdinand〕兩者之名，將之命名為希瑞斯·斐迪南迪亞〔Cerere Ferdinandea〕），八成是那顆介於火星與土星之間的幽微天體。

約翰·以樂·波德的《波德星圖》（Uranographia, 1801），是第一部試圖完整收錄15000顆肉眼可見的星星的星圖集，也是這位天文學家兼藝術家展現其手法的最後幾本大部頭星圖集之一。

對頁圖：處女座，出自《天空之鏡》（Urania's Mirror）。

《天空之鏡》（1824）的封面。這是一本根據亞歷山大·傑米森的研究所繪製的星圖大全。

有半個世紀的時間，這個人稱「穀神星」（Ceres）的天體，在天文著作中都列在行星的位置。但威廉·赫謝爾發現穀神星太小，幾乎連形狀都看不清楚，顯然比地球的衛星還小很多。1802年3月28日，海因里希·歐伯斯（Heinrich Olbers）目擊到一顆差不多小的天體——命名為「帕拉斯」（Pallas，即智神星）的「行星」。此時，赫謝爾再度發現它小得不成比例。他主張改用一個新名詞來稱呼它們：「小行星」（asteroid），意為「類星」（語源是希臘語的asteroeides，aster是「星」，-eidos是「形狀」）。

歐伯斯為挽救簡潔的波德定律而放手一搏，主張穀神星與智神星說不定只是碎片，原本屬於一顆居於火星—木星間隔中的行星，只是該行星毀滅已久。一開始，發現其他類似小型天體的消息，確實為這個幽靈行星理論增添不少支持，但到了19世紀晚期，隨著愈來愈多的小行星被人發現（到了1850年代，「小行星」一詞已經成為稱呼微型行星的標準用詞），人們也漸漸意識到：即便這些天體確實一度是某個大質量天體的一部分，該天體仍然比地球的衛星小上許多，絕對不是一顆行星。

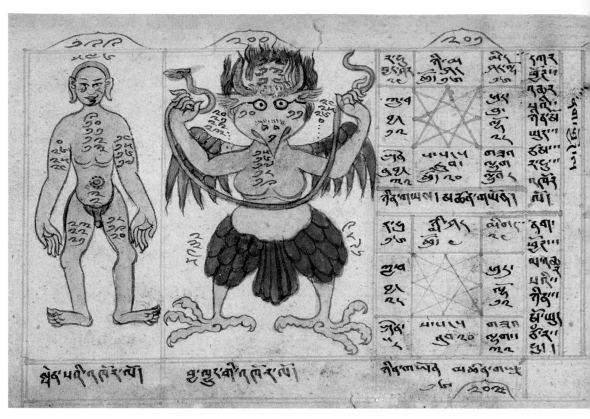

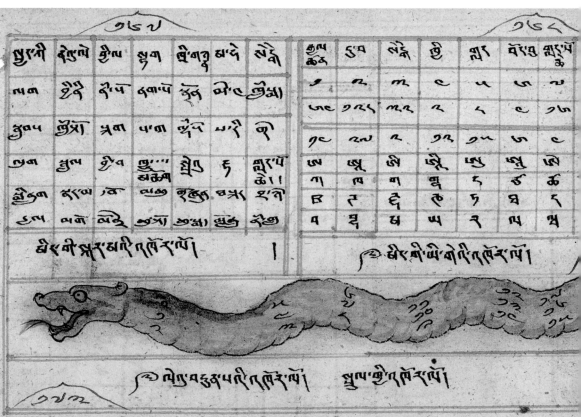

上圖：詮釋食相與黃道星座的教學。

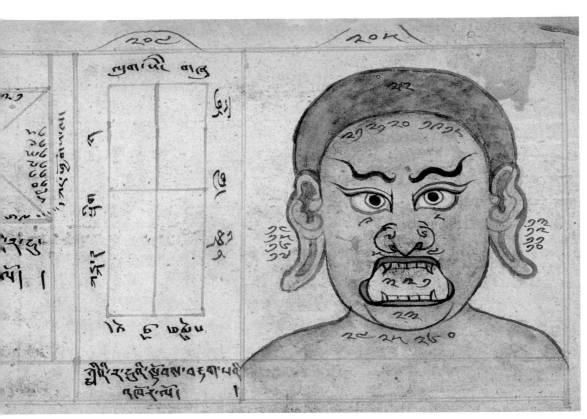

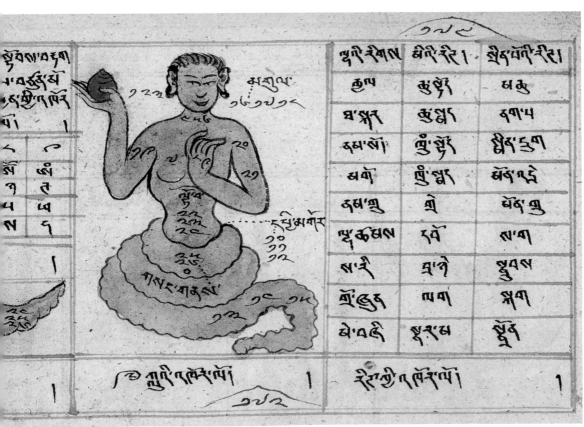

下圖：「那伽」（naga），源於印度教的神話生物，但佛教文獻中也時常提及。

4-3 約翰・赫謝爾與月球大騙局

人蝠畫像，出自《月球上的發現》（*Découvertes dans la lune...*, 1836）。

　　1835年8月25日，紐約小報《太陽報》的讀者震驚地讀到約翰・赫謝爾（1792-1871）的天文新發現。約翰是威廉的兒子，也是知名天文學家。早在1833年，年輕的約翰便離開倫敦，前往開普敦，在當地打造了一架21英尺（6.4公尺）的望遠鏡，研究南半球的天空，並觀測哈雷彗星的歸來。不過，《太陽報》在報導中所引用的，卻是赫謝爾的助手安德魯・格蘭特（Andrew Grant）博士的話。報導中稱這項最驚天動地的發現，是發生在赫謝爾把他強大的望遠鏡轉向月球的那一刻。「他在月球上看到了驚人的一景，」報上說，「……解決了這顆衛星是否有生物

LUNAR ANIMALS
AND OTHER
OBJECTS.
Discovered by Sir John Herschel in his Observatory at the Cape of Good Hope and copied from sketches in the Edinburgh Journal of Science.

約翰·赫謝爾爵士在他位於好望角的天文台，所發現的月球動物與其他物體。複製自1835年的《愛丁堡科學學報》（Edinburgh Journal of Science）。

居住，以及是哪些生物居住的問題。」

《太陽報》記者理查·亞當斯·洛克（Richard Adams Locke）用6篇報導的篇幅，捏造出堪稱史上最知名的媒體騙局。隨著文章進行，洛克披露赫謝爾在月球表面發現的外星生命，而且內容愈來愈精妙。文章一開始，他提到巨型玄武岩構造，上面有數不清的紅花植被。接下來描述同樣多采多姿的野生動物：類似野牛的褐色四足動物、「藍鉛色」的山羊，以及某種迅速滾過礫石灘、奇怪的球狀兩棲生物。第三篇文章帶來二足海狸的消息——牠們用手抱著幼崽，而且從牠們的小草屋冒出的幾縷煙來看，牠們已知用火。第四篇文章宣稱有「人蝠」的存在——赫謝爾經常觀察到這種類人物種在進行有深度的理性對話。不過，「以我們地球上對於端莊得體的概念來說，牠們的某些娛樂實在不登大雅之堂。」第五篇文章報導的是一所由藍寶石打造的廢棄神廟；最後的第六

篇報導則進一步詳述人蝠，最後則宣稱太陽光順著赫謝爾的鏡片照下來，導致起火，把他的天文台燒個精光，用來作結。

〈赫謝爾先生有關月球的其他發現〉，1836

想像中的赫謝爾月球發現觀光
團回程圖。

赫謝爾確實去了開普敦，但文中提到的那位謄寫助
手格蘭特博士，則完全出於捏造。洛克之所以想捏造這
些事情，一方面是懷抱著推動報紙銷量的無恥目標（而

假想的月球人娛樂：打獵，以及
為彼此編頭髮。

且成效卓著），另一方面則是想大大挖苦近年來光怪陸
離，卻又廣為人所歡迎的天文理論。這包括慕尼黑大學
天文學教授法蘭茨·馮·寶拉·格呂圖伊森（Franz von
Paula Gruithuisen）的看法——他在1824年發表了一篇論
文，題目是〈月球居民眾多獨特行跡之發現，特別探討其
巨型建築之一〉。格呂圖伊森宣稱自己看到各式各樣的
顏色，認為是植被，此外還看到圍牆、道路、防禦工事與
城市的跡象。時代更為晚近，人稱「基督徒哲學家」的湯
瑪斯·迪克牧師（Reverend Thomas Dick），估計整個太陽
系有21.9兆居民。他表示，月球人口構成其中的420萬。
迪克的著作大受歡迎，宣稱哲學家拉爾夫·沃爾多·愛默
生（Ralph Waldo Emerson）也是他的支持者。

　　還有一些規模很大的提議，例如在地球表面畫出巨
大的幾何圖形（類似祕魯南方的納斯卡線），對外星生
物（月球上或其他地方）打信號的方法。1820年，日耳曼
數學家卡爾·弗里德里希·高思（Carl Friedrich Gauss）提
議在廣大的西伯利亞苔原種樹，排出超大型的畢達哥
拉斯定理幾何證明，要大到對月球人來說清晰可辨的程

約翰·赫謝爾，1867年。

度。1840年，奧地利天文學家約瑟夫·馮·里特羅（Joseph von Littrow）據說也有一樣的點子，但稍有修改——他提議在撒哈拉沙漠中央興建巨型環狀溝渠，倒滿煤油，然後點火。沒有任何一個點子得到實現，這也難怪。

不過，洛克很可能是在「赫謝爾」這家人跟「月球有生命」的概念之間的歷史關聯做文章。先前提到，威廉·赫謝爾因為偉大而可敬的成就為世人銘記，但他也在18世紀末開始探討言之鑿鑿的「多重世界」理論，親自搜尋月球上是否有生命跡象（見〈4-1 赫謝爾兄妹威廉與卡洛琳〉）。他在一封寫給友人的信上宣稱已找到了證據。他監視著月球表面的巨大環狀構造（今人知道這是小行星撞擊坑），把它詮釋成建築物構成的巨「環」。在他看來，這種布局理所當然，畢竟能得到最多的陽光：

> 以這種形狀來說，有一半的建築物能受陽光直射，另一半則有反射得到的陽光。說不定，月球上的每一個大環，就是一座座的城鎮？……假如是真的，我們豈不是可以把任何新出現的小環，看成月球人在地上興建新的城鎮？……我對這個題目稍事思考之後，幾乎可以推斷我們在月球上看到的無數小環，就是月球人的傑作，不妨說是他們的城鎮……。

此外，1795年的《自然科學會報》也刊登了威廉·赫謝爾認為地外適居性遍及所有天體，包括太陽在內的想法：

> 太陽……看起來就是個巨大而清楚的行星，顯然是（嚴格來說也是）我們這個星系唯一的原初行星。……太陽跟太陽系其他球體的相似性……令我們認為上面非常可能有生物居住……他們的器官已經適應了那個巨型球體的特異環境。

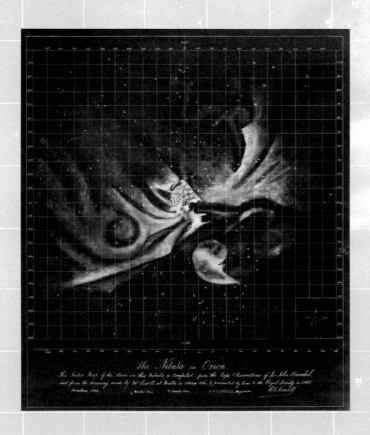

上圖：第一張月球照片，約翰·威廉·德雷帕（John William Draper）於1840年，以達蓋爾銀版法（daguerreotype）拍攝而成。

左圖：〈獵戶座的星雲〉，1884，羅伯特·斯特林·紐沃（Robert Stirling Newall）繪。這位工程師兼天文學家，以約翰·赫謝爾1830年代於南非的觀測為基礎，繪製了這張圖。

對頁上圖：第三代羅西伯爵威廉·帕森斯在1845年速寫的「渦狀星系」，又名「梅西爾51a」。這是第一張漩渦星雲（星系）的速寫。

對頁下圖：第三代羅西伯爵威廉·帕森斯打造的「帕森斯城巨獸」望遠鏡。他就是用這架望遠鏡畫出星雲的外形，並發現渦狀星系的漩渦狀結構。

4-4　海王星現身

　　威廉·赫謝爾在1781年發現天王星，以及皮亞齊發現穀神星，這兩件事都是意外發現，兩顆天體的運行方式出人意料，讓人明白看到它們的異常之處。不過，海王星的發現則體現出天文學在19世紀中葉取得的進展——這是第一顆不靠實際觀測，而是全憑數學預測而發現的行星。維多利亞時代的地理探險活動中，追求榮譽的競賽逐漸成為常態（例如對於西北航道〔Northwest Passage〕以及稍後對地理南北極的探索，都是這種競爭激發出來的），人們也爭先恐後想找到海王星。

　　早在天王星發現後不久，就有人假設這顆暗得肉眼看不到的行星是存在的。波德的同事普拉希都斯·費克瑟米爾納（Placidus Fixlmillner）將此前由托比亞斯·邁爾與佛蘭斯蒂德所記錄的天體位置整合起來（兩人都認為這是一顆恆星），製作出一張星表，預測天王星未來的動向。不過，天王星馬上就偏離了他預測的軌道。儘管費克瑟米爾納的預測在1790年經過修

威廉·赫謝爾與奧本·勒維耶（Urbain Le Verrier, 1811-1877）發現的行星，出自亞薩·史密斯（Asa Smith）的《天文學導論》（*Introduction to Astronomy*, 1850）。

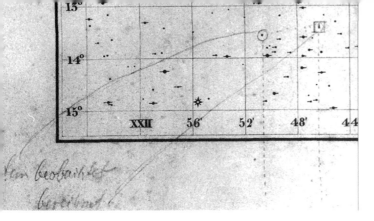

勒維耶與伽勒尋找海王星時使用的星圖,正本。

正,但到了1830年代,天王星的動向卻再度出現明顯異常。

為何如此?人們提出各種理論。是不是低估了木星與土星的引力牽引?或是某種看不見的宇宙流體阻礙了天王星的路徑?抑或是在這個距離下,我們需要重新審視對吸引力反比平方定律的理解?另一種可能性是,會不會有某個未發現的行星,用自身的引力影響了天王星的運行。1845年11月,法國天文學家奧本·勒維耶探討了最後一種可能,並提交給巴黎科學院。勒維耶援引波德定律,猜測位於天王星之外的下一顆行星,跟(當時的)太陽距離大約325度的天球經度。

先前在1843年10月,年輕的劍橋大學學生約翰·柯西·亞當斯(John Couch Adams, 1819-1892)便得出類似的結論,並且在1845年9月明確提出323度又34分的預測值(與勒維耶類似)。直到勒維耶的論文在隔年傳到劍橋之後,兩人才知道彼此的猜測如此接近。

透過高倍數望遠鏡,在特定鄰近星域尋找這顆傳說行星的競賽於焉展開,人們競相比較最新的星圖,找出任何無法解釋的變化出現的位置。亞當斯領先的機會,掌握在劍橋大學天文學教授詹姆斯·查利斯(James Challis, 1803-1882)的手中——他需要最新的星圖。與此同時,勒維耶則尋求柏林天文台的幫助——柏林天文台有門路取得柏林科學院的新星圖,這份星圖還沒有在英國發表過。尋找開始了,並且在1846年9月23日結束——約翰·伽勒(Johann Galle, 1812-1910)發現了一顆星圖上沒有的星,位置與勒維耶的預測差距不到一度。海王星——太陽系直徑第四大的行星——就此發現。(勒維耶謙虛地提議將這顆行星命名為「勒維耶」,但這個想法在法國以外遭到強烈抵制,到了年底,「海王星」已經成為國際上接受的名字。)

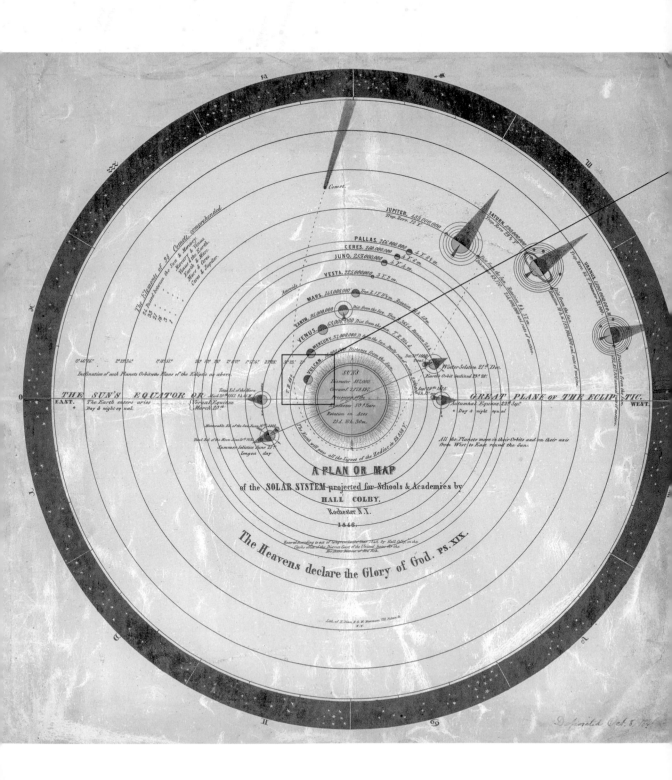

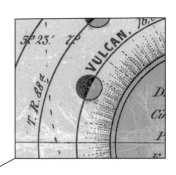

對頁圖與局部放大圖：〈教學用太陽系圖〉，1846，上面標出了不存在的火神星，也就是距離太陽最近的行星（1600萬英里／2600萬公里處）。灶神星（Vesta）、婚神星（Juno）、穀神星、智神星等小行星亦有標示出來。

奧本·勒維耶成功發現海王星之後，便把注意力轉向巴黎天文台台長富蘭索瓦·阿拉戈（François Arago）在1840年時帶給他的謎團——水星繞行太陽的公轉。

勒維耶為水星軌道提出了預測模型，但在1843年便疑惑地發現自己提出的數字與觀測結果並不吻合。他全心投入這個挑戰，並且在1859年發表一份更仔細的研究，但仍然發現有無法解釋的不一致。出於某種神祕的原因，水星比預期稍微早了一些抵達「近日點」（天體與太陽最靠近的地點），這種現象稱為「近日點歲差」。明確來說，水星近日點每世紀偏移43弧秒（1弧秒為1分鐘角距離的1/60）；這麼小的變量，足以顯示此時的天體運行研究及其牛頓力學基礎有多麼先進。勒維耶表示，最可能的解釋是太陽與水星之間有某顆尚未發現的行星在運行，大小與水星相仿。由於這顆新行星貼著太陽，自然應該以羅馬的火與火山之神來命名，故稱為火神星（Vulcan）。

由於勒維耶先前的成就使然，人們沒什麼理由在他的主張中挑骨頭，但他仍然需要透過實際觀測來鞏固這個理論。結果來得出奇地快。同樣在1859年，來自博克地區奧爾熱雷（Orgères-en-Beauce）的法國醫生兼業餘天文學家埃德蒙·莫迪斯特·列斯加堡（Edmond Modeste Lescarbault）與勒維耶聯絡。列斯加堡確定自己在這一年稍早時便已用手邊簡陋的3.75英寸（95公釐）反射式望遠鏡，觀察到這顆行星的凌日現象。勒維耶趕忙拜訪列斯加堡。他對這位醫生的手法，以及他做出的1小時17分9秒凌日觀測感到滿意，於是在巴黎科學院的會議中宣布火神星存在。他說，這顆行星以1300萬英里（2100萬公里）的距離繞行太陽，公轉時間為19天7小時。

勒維耶旋即開始收到一些報告，支持他的主張，只是沒有一份能通過核實。1860年1月，倫敦有4名天文觀測者宣稱看到了理應發生在同年的水星凌日；1862

對頁圖：水星的彩色合成圖（2017），運用了「信使號」（Messenger）探測任務的初步發現。信使號找到了新形成、類似峭壁的地形，科學家因此推論：縱使太陽系已經形成45億年，但水星仍在縮水。

年3月，一位來自英格蘭曼徹斯特的盧米斯先生（Mr Lummis）信誓旦旦表示自己有類似的觀察……諸如此類。到了1878年7月，兩名經驗豐富的觀測者——密西根州安納保天文台（Ann Arbor Observatory）台長詹姆斯·克雷格·華生（James Craig Watson）教授，以及來自紐約羅徹斯特的路易斯·斯威夫特（Lewis Swift），都說自己看到火神星類型的行星，而且兩人都說這顆天體是紅色的。但他們的數值經過修正之後，顯然此兩人看到的是已知的恆星。由於無法肯定或否定，世人對幽靈行星火神星的搜索一直延續到20世紀。隨著亞伯特·愛因斯坦在1916年發表廣義相對論，這隻幽靈[15]也終於除魅——古典重力學經過革命性的反思之後，終於能解釋近日點的差異。1919年5月29日的日食證實了廣義相對論的解釋，而水星軌道內存在另一顆行星的可能性也因此畫下句點。

由於大氣層過於稀薄，水星對太空中的小碎片幾無抵禦，地表因此滿是撞擊坑。這張彩色拼接圖顯示的是巨型隕石坑「卡洛里盆地」（Caloris Basin），周圍是上千公尺的高山，整個隕石坑直徑達950英里（1525公里）。（作為對比，橫越德州的距離也才773英里／1244公里。）

4-6　光譜學與天體物理學的誕生

　　隨著時序進入20世紀，對於宇宙的發現有了飛速進展的時代，我們不妨回首目前的發展達到什麼階段。自從古代的無形迷霧以來，天文學都在為預測而服務，運用古希臘人的實體天球觀，以可靠的模型呈現行星受神力推動的運行情況。因為克卜勒的緣故，「以科學方式解釋這股力量」成為天文學家的問題，但天空依然是與地上的物理學不相統屬的領域。統一的物理學隨著牛頓的

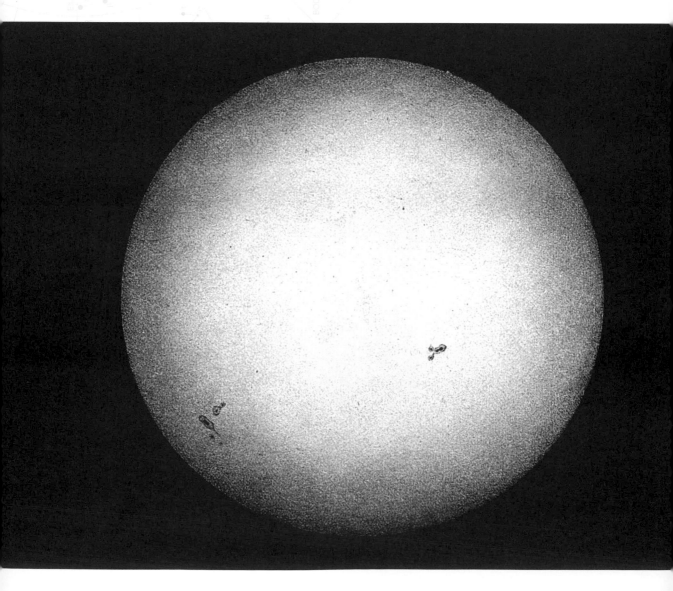

對頁圖：第一張透過望遠鏡所拍攝到的太陽表面細節，由法國物理學家尚‧傅柯（Jean Foucault）與阿爾芒—伊波利特—路易‧菲佐（Armand-Hippolyte-Louis Fizeau）攝於1845年。這證明了海因里希‧施瓦布（Heinrich Schwabe）兩年前的研究──經過17年的觀測，施瓦布指出太陽黑子數量的循環，為太陽內部組成提供了最早的線索。

科學而出現，天與地都適用同一套科學定律。只是，人們如今雖然認為兩者是由同樣的物質所構成，但證明的科技卻還不存在。

有了牛頓的數學羅賽塔石碑（Rosetta Stone），天文學家以反射鏡與透鏡為利器，將人眼的視力強化得有如神祇，進行更精確的行星運行與恆星位置觀測，直至19世紀晚期。不過，人們固然透過一系列的發現，為星圖填上了新的行星、恆星與小行星，製圖技術也隨著新的攝影術而出現，[16] 但「這些天體究竟是什麼成分」，才是如今縈繞學者心頭的問題。現在需要的，是關注天體物理性質的天文學新分支──「天體物理學」。

如果要詳細研究天體的組成，此時當然還沒有方法碰觸到天體，但確實有新的方法能觀察它們。關鍵就是稜鏡。1666年，以撒‧牛頓買了一個三角玻璃稜鏡，「嘗試知名的色彩現象」。他讓一道陽光穿過稜鏡，將構成陽光的彩虹投射在一面屏幕上。當時，人們普遍相信所有顏色的光，都是白光經過某種轉變而成的。但牛頓證

耶穌會士安傑洛‧西奇（Angelo Secchi）製作的太陽與恆星光譜表（約1870）。

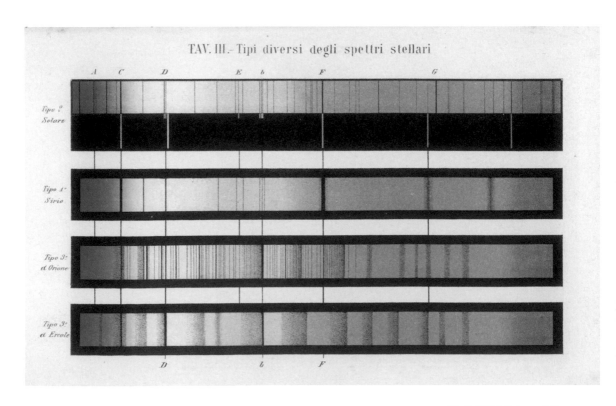

日食時的日冕，由哈佛學院（Harvard College）派往肯德基州謝爾比維爾（Shelbyville）的調查隊攝於1869年8月7日。

日全食的早期相片，印於1862年。

明白光其實是複合光，當中具有「光譜」(spectrum，拉丁文的「鬼影」)，並利用透鏡將不同色光重新結合為白光加以驗證。

後來，不列顛化學家威廉‧海德‧沃勒斯頓(William Hyde Wollaston, 1766-1828)也演示了一場類似的實驗。他注意到不同顏色之間有明確的界線，彷彿將每一段光帶隔了開來。巴伐利亞透鏡製造商約瑟夫‧夫朗和斐(Joseph Fraunhofer, 1787-1826)用一架望遠鏡(最基本的分光鏡)檢視他用自己的稜鏡所分離出的光譜，發現光譜中有上百條這種深棕色的線，也就是今人所說的夫朗和斐譜線(Fraunhofer lines)。羅伯特‧本生(Robert Bunsen, 1811-1899)與古斯塔夫‧基爾希霍夫(Gustav Kirchhoff, 1824-1887)帶來顯著的突破——他們用知名的本生燈(Bunsen Burner)燃燒化合物，發現光線中的特定線條與特定的化學元素有關。由此可見，「光」是來自星星的訊息，廣播著它們的組成方式。

本生與基爾希霍夫把特定的線與金屬進行配對，從天體的資訊中發現了兩種新元素，並以線的顏色來命名：銫(caesium，拉丁文的「藍灰色」)與銣(rubidium，「紅色」)。應用這種技術，就能辨識出好幾種存在於太陽中的金屬——前人一直認為無法發現太陽的組成。

本生與基爾希霍夫的方法立刻成為化學的重要慣例。1862年，瑞典物理學家安德斯‧約拿斯‧埃格斯特朗(Anders Jonas Ångström, 1814-1874)結合光譜學與攝影術，證明太陽的大氣中含有各種元素，尤其是氫。到了1880年代，學者已經從太陽的光譜中辨識出50多種元素，堪稱太陽物理學的空前成就。不過，這項發現得來並不容易。本生耗費多年，對元素的結晶進行千百次的光譜學測試，觀測並記錄它們發散的光譜。他終於在1874年5月完成著作的初稿，準備開始慶祝。他離開了幾小時，回來卻發現手稿已化為灰燼。造化弄人，他桌上裝

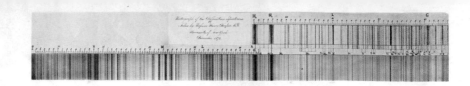

了水的燒杯，將陽光聚集起來，燒光了他的紙。他在寫給朋友的信上談到失望之情，接著重新開始工作。

人們也開始調查太陽表面的性質。在實驗室中，研究人員用固態或液態金屬，在極高溫下成功再現白色光的光譜，顯示太陽表面至少是液態，甚至是顆熾熱的金屬球。19世紀下半葉的一系列日食——月球通過地球與太陽之間，讓人看不到太陽的球體——有助於學界尋找答案。歐洲各地特別興建的天文台得以在此時研究太陽的大氣。透過這些發現，學者逐漸形成「太陽有多層大

1872年，美國天文學家亨利‧德雷帕（1837-1882）拍下了第一張織女星光譜照片，顯示的譜線揭露了這顆恆星的化學組成。天文學家開始意識到光譜是理解恆星如何演進的關鍵。德雷帕過世後，他的研究在1918與1924年間出版為《亨利‧德雷帕星表》（*Henry Draper Catalogue*），提供22萬5300顆恆星的光譜分類。

對頁下圖：「一般型態的月面坑」的塑膠模型。詹姆斯‧內史密斯（James Nasmyth）與詹姆斯‧卡本特（James Carpenter）在合著的《月球》（*The Moon*, 1874）一書中，主張其成因為火山活動——這是維多利亞時代的流行觀點，直到1969年人類登月之後進行的探索，才打消了這種論點。

法國天文學家艾蒂安‧利奧波德‧特魯夫洛（Étienne Léopold Trouvelot, 1827-1895）所繪的日珥。他是一位優秀的科學藝術家。

其他人研究太陽的時候，天體物理學元勳之一的威廉・哈金斯（1824-1910）則在1864年8月29日，成為測得行星狀星雲光譜的第一人。他也是第一個透過光譜區分星雲與星系的人。

「氣」的看法。太陽靠外的氣層在高壓下發散出白色光譜，人們意識到或許太陽發散的所有光線，都是氣體造成的。

英格蘭天文學家諾曼・洛克耶（此前創造了「色球」〔chromosphere〕一詞，稱呼太陽的其中一層大氣）與法國物理學家皮耶・揚森（Pierre Janssen）分別靈機一動，意識到只要用一架令光譜大為發散的分光鏡，就能在一年中的任何時間點觀測、分析日珥（可見的大規模噴發，持續時間從一天到數個月不等）。人們再也不需要仰賴日食來觀察太陽了。這項發現的直接影響之一，就是讓揚森與洛克耶分別證實某個未知的譜線光譜特徵，其實來自一種全新的元素。洛克耶根據希臘的太陽巨神赫利俄斯（Helios）之名，將之命名為「氦」。

4-7　天體現象：第二部分

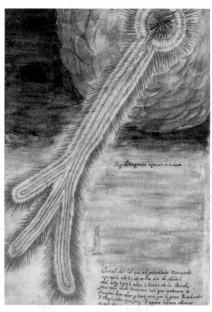

上圖：1704年出現在加泰隆尼亞特拉薩（Terrassa）上空的隕石。

下圖：1833年的獅子座流星雨，出自埃德瓦·魏斯（Edward Weiss）的《星界圖集》（*Bilderatlas der Sternenwelt*）。

上圖：阿米迪·吉芒（Amédée Guillemin）所繪的多納蒂彗星（Donati's Comet，首見於1858年6月2日）。出自《彗星》（*Les comètes*, 1875）。

下圖：根據1866年11月13日，倫敦上空觀測到的壯觀流星雨所繪製的星圖。

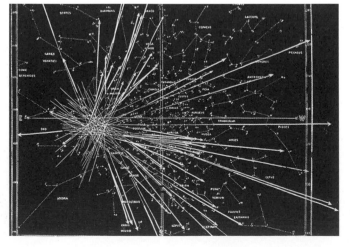

上圖：〈過去事〉，喬治·克魯克香克（George Cruikshank）繪。一張以彗星為外形的1853年度詳盡諷刺畫（包括4顆觀測到的彗星）。

右圖：流星，出自尚·皮耶·杭伯松（Jean Pierre Rambosson）的《天文學》（Astronomy），1875年。

下圖：杭伯松《天文學》的細部圖。

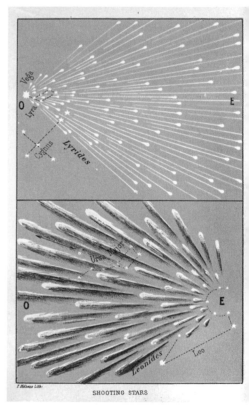

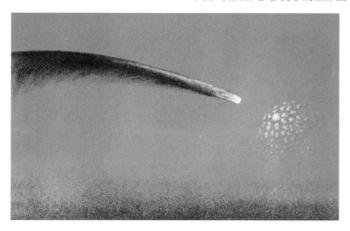

瑪麗亞·米切爾。

左圖：1847年，美國天文學家瑪麗亞·米切爾（Maria Mitchell, 1818-1889）所發現的彗星，編號為C/1847 T1，又名「米切爾小姐彗星」。她在1848年獲得丹麥國王弗里德里克六世（Frederick VI）頒發的金獎章，聞名世界。

（並見〈2-8 天體現象：第一部分〉）

4-8　窺視火星生命的帕西瓦爾・羅威爾

　　「火星有人居住」——1907年8月30日的《紐約時報》頭條大大寫著，引用了亞利桑那州弗拉格斯塔夫（Flagstaff）羅威爾天文台（Lowell Observatory）創辦人帕西瓦爾・羅威爾（Percival Lowell, 1855-1916）的說法。不

火星表面的四個角度，喬凡尼・斯基亞帕雷利趁著該行星在1877年9月靠近地球時所繪。

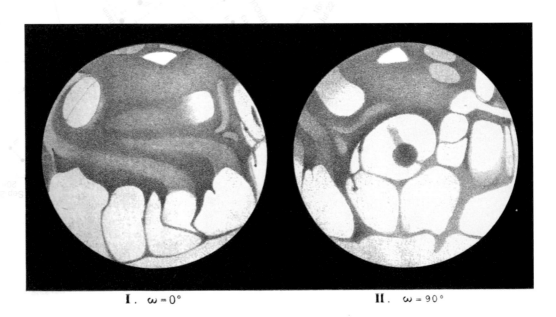

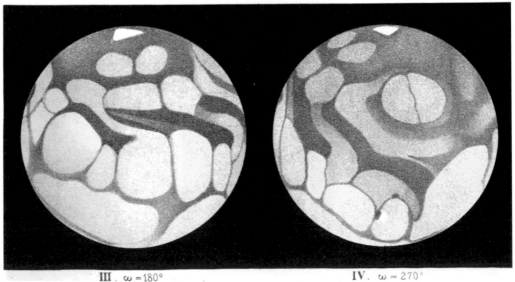

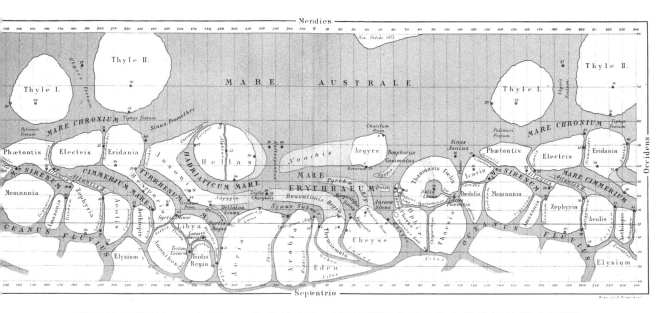

斯基亞帕雷利根據1877年至
1878年的觀察所繪的火星地
圖,範圍從火星南極到北緯40
度線,並畫出其「運河」。

1896年,羅威爾坐在羅威爾
天文台24英寸(60公分)反射
式望遠鏡的觀測椅上,觀察金
星。

後頁對開圖:火星及其運河地
圖,出自威廉·佩克爵士(Sir
William Peck)的《給一般讀
者的天文學手冊及圖集》(*A
Popular Handbook and Atlas
of Astronomy...*, 1891)。

久前的「衝」(指地球與火星在各自的公轉軌道上近距
離交會的時候)讓人更容易觀察這顆紅色行星的表面。
報導就刊登在火星衝之後。「南極冰帽大量融化後,」羅
威爾說,「運河開始浮現。由此可以直接推論,這顆行星
目前是具建築能力的智慧生物之居所……我當時的觀
測可以充分肯定這一點。其他推論都無法完全符合事

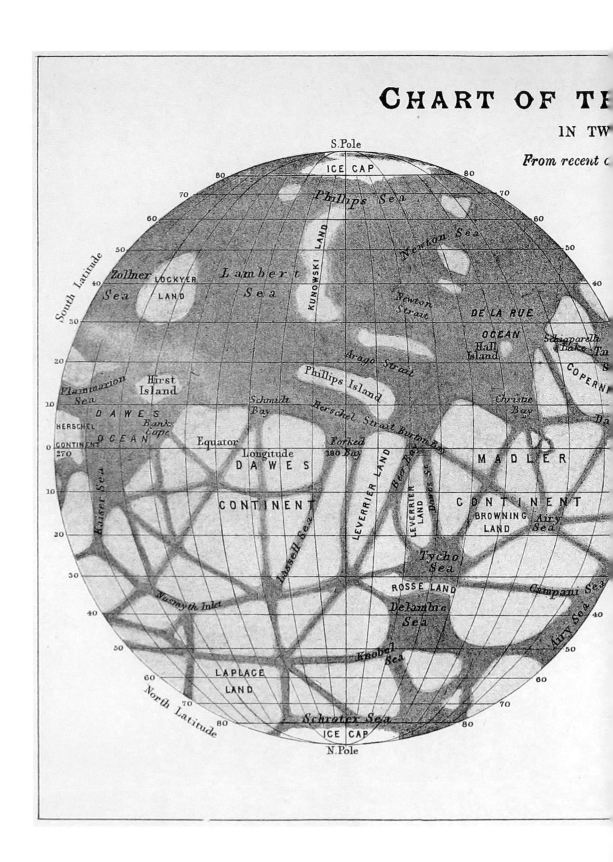

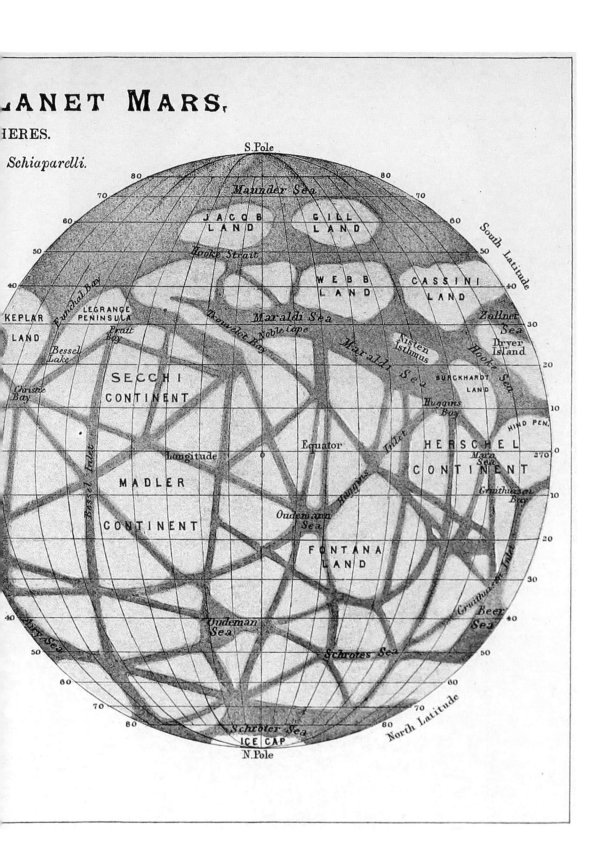

實。」不過，不只他的推論有問題，連「事實」也有問題。

　　羅威爾在19世紀末放棄了棉花生意，順從對天文
學的熱情，選擇弗拉格斯塔夫為興建天文台的地點，
因為這裡的遙遠位置、高海拔與清澈的天空都很理
想。他受到法國天文學家卡密兒·弗拉馬利翁（Camille
Flammarion）的研究所啟發，一心一意觀測火星，尤其是
行星表面的「運河」（意即人工水道）。第一個採用「運
河」一詞的人，是義大利天文學家喬凡尼·斯基亞帕雷利
（Giovanni Schiaparelli, 1835-1910）。當時正值1877年的
火星大衝，這顆行星進到與地球不到3500萬英里（5600
萬公里）的距離內。令維多利亞時代的人浮想聯翩超過
40年以上的「火星生命」謎團，其根源就在這裡。斯基
亞帕雷利在火星南北極看到深色的線條，他用「canali」
（水道）來描述之。但這個字遭人誤譯為「canal」（運
河），這下子就帶有「有意為之的構造」的暗示，對這顆
行星的天文學研究也因此走上最詭異的路子。

　　羅威爾固然不是唯一不可自拔於運河錯覺的觀星

手工上色的火星球儀（約1905），製作的人是丹麥女性天文學家艾美·英格柏格·布魯恩（Emmy Ingeborg Brun）。這架火星球儀主要是根據美國天文學家帕西瓦爾·羅威爾的研究，地圖上顯示複雜的人工運河網，羅威爾主張這是外星生命存在的證據。

者，但他確實比其他人更投入推廣這個想法，他花了15年歲月研究，為火星生命的明確證據製作地圖與寫作，發表成一套奇特的三部曲：《火星》（*Mars*, 1895）、《火星及其運河》（*Mars and its Canals*, 1906）與《火星：生命居所》（*Mars as the Abode of Life*, 1908）。天文學界對此保持懷疑。這些「運河」對其他觀測者來說實在太過模糊，而羅威爾所見也很難以攝影方式再製，杜絕疑義。終於在1909年，加州南部的威爾遜山天文台以強大的60英寸（1.5公尺）望遠鏡，徹底細查了深色的火星人「運河」，顯示它們是不規則、自然形成的地貌，就像天然的侵蝕現象。

4-9 行星 X 的搜索與冥王星的發現

　　帕西瓦爾·羅威爾錯了,他提出的火星生命理論化
為齏粉。他對金星的觀測也是——1896年,他開始觀測
金星,提出爭議性的說法(後來證明有誤),說在金星
的極區看到深色的地貌。2003年,一項研究得出結論,
認為很可能是因為他「縮光圈」(將光圈縮小,以減少日

照的干擾)縮得太小,等於把自己的望遠鏡變成一架巨大的眼底檢查鏡——他看到的暗色地貌,其實是他自己眼裡血管的影子。

儘管這件事情常常讓世人把羅威爾描繪成狂人,但他的研究仍然有諸多為人稱道之處,尤其他把自己的晚年時光投注於追尋「行星X」(Planet X)——他堅信這顆尚未發現的太陽系第九行星絕對存在,其重力導致天王星與海王星偏離原本預測的位置。羅威爾天文台團隊在伊莉莎白・蘭當・威廉斯(Elizabeth Langdon Williams, 1879-1981,麻省理工學院最早的女性畢業生之一),以及一支人力「計算機」團隊的協助之下,進行一系列計算以求出這顆理論上的新行星可能的位置。

羅威爾在1916年11月12日過世後,尋找第九行星的工作繼續了11年。他的姪子阿伯特・勞倫斯・羅威爾(Abbott Lawrence Lowell)接掌了天文台,並架設稱為「攝星鏡」的攝影儀器來幫助搜尋。堪薩斯青年克萊德・湯博(Clyde Tombaugh, 1906-1997)的任務,是根據帕西瓦爾・羅威爾的預測,搜索天空中指定的區域。1930年2月18日,湯博將天空的照片與前一個月的成果進行比對,找出了一個位置顯然出現大躍進的天體。經過進一步觀察,該天體的公轉軌道顯然在海王星之外,因此排除了是小行星的可能性。湯博發現一顆新行星(後來在2006年正式降為矮行星),顯然是那顆讓羅威爾心心念念的行星X。[17] 11歲的英格蘭女學生維妮西亞・伯尼(Venetia Burney)主張根據羅馬冥界之神的名字,將之命名為冥王星。

克萊德・湯博在1997年以90歲之齡過世,並以恰如其分的方式,踏上他死後的旅程。星際探測器「新視野號」(New Horizons)載著湯博的部分骨灰,於2015年首度飛越冥王星,以7800英里(12500公里)的距離飛越其表面。

對頁圖:2015年7月14日,美國國家航空暨太空總署(NASA)的新視野號所拍攝的冥王星多光譜彩色強化影像。我們才剛開始破解這許多顏色所代表的複雜地質與氣候。這艘太空船發現了高1萬1000英尺(3350公尺)的覆冰高山,顯見有原因未明的地質活動。

4-10　組織群星：「皮克林的後宮」

　　19、20世紀之交最有名的「人工計算機」室就設在哈佛大學——自從天文學家兼天體攝影先驅亨利・德雷帕（Henry Draper）在1882年過世後，哈佛天文台台長愛德華・皮克林（Edward C. Pickering, 1846-1919）便組織了一群數學能力了得的女性計算員與資料收集員。人們戲稱為「皮克林的後宮」（Pickering's women）。這群女性承擔起重責大任，延續了德雷帕的研究，建立了一套新的恆星分類表。自古以來，人們便根據恆星的亮度作為區分星等的根據——這到底是種主觀的評估，最亮的是一等星，最暗的則是六等星。望遠鏡問世之後，許多在以

哈佛計算員「天文台小組」，約1910年。

一群哈佛計算員正在工作，
1891年。

前因為太暗而看不到的星星都出現在視野之內。為了順應這片擁擠的星田，星等的數量自然得增加，而這也必定讓主觀的分類出現更大的分歧。1856年，英格蘭天文學家諾曼·普森（Norman Pogson, 1829-1891）將一個世紀前埃德蒙·哈雷突然的領悟付諸實現——既然一等星比六等星亮100倍，豈不是可以由此確立評估星等的尺度？此外，天文攝影在19世紀末的進展與恆星顏色光譜結合（比方說，學者意識到恆星溫度愈高，散發出的藍光愈多），評估星等的手法也更形精確。接下來的任務，就是把這個尺度套用在天空中的繁星上，新舊發現皆然。皮克林將記錄恆星亮度、位置與顏色的任務交付給這些哈佛女性們，作為南北天球星辰光譜分析的重要任務之一。這群女性包括威廉米娜·弗萊明（Williamina Fleming）、亨麗埃塔·史旺·勒維特（Henrietta Swan

安妮·詹普·坎能,「皮克林的後宮」的一員,1922年。

Leavitt)、弗蘿倫斯·庫許曼(Florence Cushman)、安娜·溫洛克(Anna Winlock)與安東妮亞·莫里(Antonia Maury,亨利·德雷帕的外甥女)。她們將當代的照片與既有的星表加以比較,納入大氣折射等影響因素,而且經常為了累積經驗而免費工作。其中最傑出的女性名叫安妮·詹普·坎能(Annie Jump Cannon, 1863-1941),她將自己展現的非凡天賦迅速化為無與倫比的技巧——皮克林如此誇獎自己這位了不起的助手:「在這世上的男男女女當中,坎能小姐是唯一能如此迅速進行工作的人。」坎能的成就令人瞠目結舌。她一輩子親自動手分類的恆星,比歷史上任何一位天文學家都多,總數約達到35萬顆恆星。她的發現包括300顆變星(variable stars)、5顆新星與1顆光譜雙星(spectroscopic binary)——在這種

不列顛裔美籍天體物理學家
賽希莉亞‧佩恩—加波施金
（Cecilia Payne-Gaposchkin,
1900-1979）。她在1925年顛覆
傳統思維，所寫的博士論文指
出恆星的成分跟宇宙中豐富的
氫與氦有直接關聯。當時，人們
原本認為太陽與地球的組成沒
有本質上的差異。

雙星系中，恆星之間太過靠近，甚至在望遠鏡中看起來
也像是同一顆恆星，因此難以分辨——她還建立了一部
大約有20萬份資料的參考書目。坎能分類恆星的速率飛
速提升：工作的頭3年，她分類了1000顆恆星；到了1913
年，她每小時就能處理200顆恆星。坎能的做法是：掃一
眼恆星的光譜模式，接著用放大鏡，根據其亮度細分到
第九星等——比人眼能看到的光芒還微弱約16倍。她用
她自己的光譜分類來區分恆星——「O、B、A、F、G、K、
M」——天文學者用「Oh Be A Fine Girl, Kiss Me」（噢，當
個乖女孩，吻我）這句話來協助記憶她的恆星分類法。
坎能不僅僅是多產，而且還保持高度的準確率。1922年
5月9日，國際天文學聯合會（International Astronomical
Union）通過決議，正式採用坎能的恆星分類體系。她的
分類法至今仍在使用。

4-11 宇宙新視野：
愛因斯坦、勒梅特與哈伯

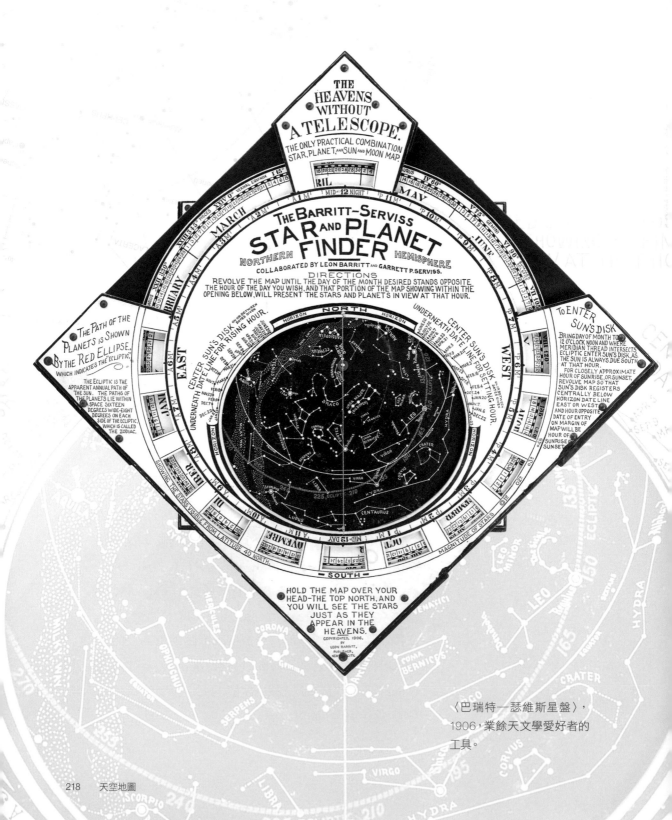

〈巴瑞特—瑟維斯星盤〉，
1906，業餘天文學愛好者的
工具。

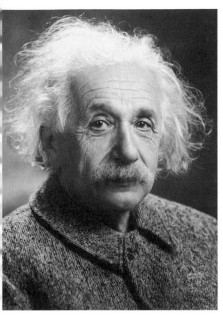

亞伯特·愛因斯坦。

正當安妮·詹普·坎能和哈佛的同事們為恆星進行分類，而帕西瓦爾·羅威爾還在尋找他的火星人時，伯恩（Bern）瑞士聯邦智慧財產局有一位助理檢驗員也在發展自己的構想，最終將化為——借用俄羅斯物理學家列夫·蘭道（Lev Landau）的話——「最瑰麗的理論」。1905年，亞伯特·愛因斯坦（1879-1955）在期刊《物理學年鑑》上發表了他最早的相對論理論（今稱「狹義相對論」），說明如何詮釋不同的慣性參考系（inertial frames of reference，也就是相對間以恆定速度移動的空間）之間的運動。相對論建立在兩個關鍵原理上：相對性原理（principle of relativity）——即便對以恆定速度移動的物體來說，物理學法則也不會改變；以及光速不變原理（principle of the speed of light）——無論光源跟觀察者之間的動態為何，光速都會維持相等。知名的「$E = mc^2$」方程式是想表達「質量與能量是同一種物理實體」，而且可以互相轉換。簡單來說，相對論性質量（relativistic mass'm）與光速（c）的平方相乘，就等於該物體的動能（E）。

就是在任職於專利局的時候，愛因斯坦得到了他「最雀躍的想法」——他的相對性原理可以延伸到重力場上，而這將大幅修正原本廣為人接受的牛頓物理學認知。兩世紀之前，以撒·牛頓所勾勒的「萬有引力」，是一種不知何故而施加在物體之間的力，即便兩者之間明明看不到有東西存在。行星原本應該沿著真軌（true course）穿越這個空無一物的宇宙空間，但其軌跡卻受到這種力的影響而彎曲。不過，牛頓沒有假裝自己有能力回答這股力量如何運作。

愛因斯坦有機會接觸到不列顛科學家麥可·法拉第（Michael Faraday, 1791-1867）與詹姆斯·克拉克·馬克士威（James Clark Maxwell, 1831-1879）的先驅研究——兩人最早將電、磁力與光視為同一種現象的展現，也就是

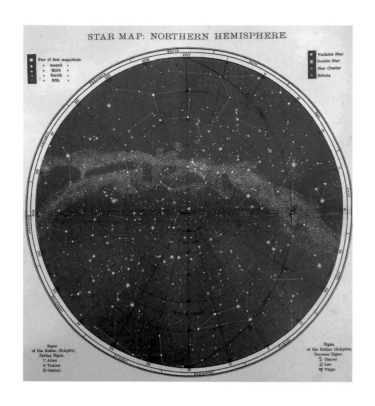

STAR MAP: NORTHERN HEMISPHERE.

1905年出版的北天球星圖。同年，愛因斯坦發表了他最早的相對論。

電磁場。愛因斯坦受到這個概念的影響，對他這位電機工程師之子來說，重力也有重力場，像電磁場一樣。愛因斯坦運用這種概念來分析這個等式，而他的天才之處，就在於他想像這個場是可以找到的——並非某種像電磁場般充滿空間的發散實體，而是空間本身。這就是廣義相對論的核心（發表於1915年）。

如果要理解這個概念，我們不妨想像有個人倒在蹦床上，其質量導致蹦床上下擺動。拿一顆玻璃珠在蹦床邊緣滾動，玻璃珠會以螺旋方式繞著這個人的身體。其路徑並非由某種看不見的力量所牽引，而是因為蹦床中心的物體造成織面凹陷之故。根據愛因斯坦的理論，空間並不獨立於物質——空間就是物質，是一種會因為天體質量而彎曲、撓折的實體。從物體落地到行星運行的各種現象都能以此解釋。我們龐大的太陽扭曲了周圍的空間，導致地球就像沿著蹦床凹陷表面滾動的玻璃珠一樣，繞行著太陽。愛因斯坦將他的想法總結成一組重力

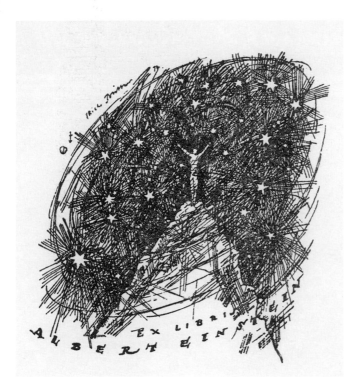

畫家埃里希‧布於特納（Erich Büttner）在1917年為亞伯特‧愛因斯坦客製的藏書票。

場方程式，但這個構想可以簡述如下：只要有物質，時空就會扭曲。這個構想美就美在其簡潔。

這個優美的概念帶來許多奇特、但後來證明為真的預測，例如光也會受到重力影響——當恆星周圍的空間扭曲，其光線也會改向。1919年，愛因斯坦對於「太陽會導致光線偏移」的預測得到格林威治天文台的證實，其效應也受到測量。此後，天文學家發現這種現象大有用處。比方說，我們的視線得以繞過黑洞這種遙遠、龐大的物體，一窺後面的星系——這種手法稱為「重力透鏡效應」（gravitational lensing，見〈4-12 20世紀以來的大突破〉，有哈伯太空望遠鏡運用這種效應所拍攝的「阿貝爾1689」〔Abell 1689〕星系團影像）。愛因斯坦還宣稱時間也會受到重力所扭曲。假如有一對雙胞胎，其中一人生活在山頂上（受到的重力影響比較弱），而另一人住在谷底。對於住在山上的那個人來說，時間會流逝得更快——這個效應已經得到證實了。其實，現代汽車使用的衛星導航系統，就是根據這種現象來設計的，對衛星來說，時間的滴答會比地面來得快。

相對論重新將重力闡述為空間與時間——或者說「時空」的幾何特性，為天體的運行帶來新的解釋，也徹底翻新了物理學的基礎，擘畫了一幅令人興奮的景象：由漣漪般的紋理交織而成的膨脹宇宙，有無底的黑洞，有彎曲的光，還有變動的時間。當物理學家忙著調查相對論所開啟的無數大門時，天文學的下一個重大突

Sunday,
December 14, 1919

The New York Times

Rotogravure
Picture Section, 5
In Two Parts

LATEST AND MOST REMARKABLE PHOTOGRAPH OF THE SUN

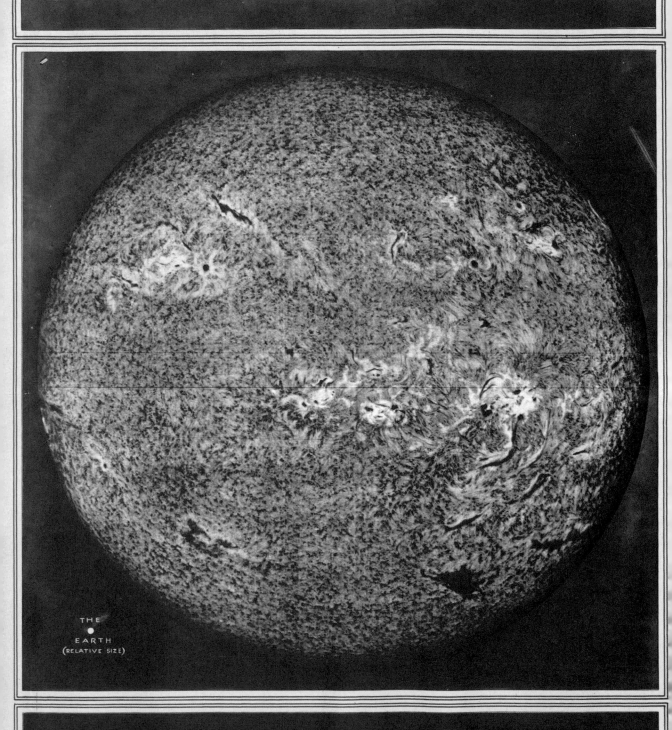

THE
● EARTH
(RELATIVE SIZE)

THIS PICTURE WAS TAKEN WITH THE SPECTROHELIOGRAPH OF THE MOUNT WILSON TOWER TELESCOPE, MOUNT WILSON OBSERVATORY, CARNEGIE INSTITUTION OF WASHINGTON, USING THE RED LIGHT OF HYDROGEN, WITH EVERY PERFECTED METHOD INTRODUCED SINCE THE FIRST PHOTOGRAPH OF THE KIND WAS OBTAINED ON MOUNT WILSON IN 1908.

The sun is here shown as it would appear to an eye capable of seeing only the red light of hydrogen, revealing the solar atmosphere thousands of miles deep, with its whirling storms, resembling tornadoes on the earth, but of colossal size, centring in sun spots. This atmosphere is perfectly transparent to ordinary vision. The large, dark objects, irregular in shape, are prominences, some of which occasionally attain heights of 200,000 miles or more. The

diameter of the earth on the same scale, as shown in the lower left corner of this reproduction, would be thirteen-hundredths of an inch.

This photograph, with the sun's present spots clearly defined, draws added interest just now from the evidently groundless but apparently serious alarm which has swept over parts of the country over predictions, attributed to Professor Albert Porta of the University of Michigan, that the earth may be visited between Wednesday and Friday of this week with the worst electric

and weather catastrophe in history, due to an expected sun spot of unprecedented size, caused by the combined "electro-magnetic pull" of the six planets, Mercury, Venus, Mars, Jupiter, Saturn, and Neptune, which will be ranged about that time on the same side of the sun. "Interesting, if true," has been, in effect, the comment of leading astronomers of the country, who have discussed the prophecy, though admitting that the relative positions, on next Wednesday, of the planets named will be as stated. The sun's diameter is 860,000 miles.

對頁圖:〈最新、最驚人的太陽照片……由威爾遜山塔式望遠鏡太陽單色光照相儀拍攝〉,《紐約時報》,1919年12月14日。

破也隨之而來──不過倒不是談宇宙在理論上的運作,而是宇宙的大小。

20世紀初,物理宇宙學領域中盛行的理論是「銀河系就是全宇宙」。但這一點逐漸受到挑戰,並且在1920年4月26日於美國史密森尼自然史博物館的公共論壇中浮上檯面──天文學家哈羅·沙普利(Harlow Shapley)與希伯·柯蒂斯(Heber Curtis)針對宇宙的大小,進行了一場後人所說的「大辯論」。沙普利主張那些遙遠的星雲體積不大,位於我們星系的外圍,而柯蒂斯則相信星雲是獨立的星系,體積極大,距離也極遠。

1923年,威爾遜山天文台(當時最大的反射式望遠鏡──100英吋/2.5公尺的虎克望遠鏡就位於這裡)的天文學家埃德溫·哈伯(1889-1953)著手在仙女座星雲尋找新星。自從羅威爾天文台的V·M·斯里弗(V. M. Slipher)在1912年表示該星雲正以全宇宙無出其右的高速──每小時67萬1081英里(每小時108萬公里)的速率靠近地球之後,哈伯便更加仔細地探索這片星空。對斯里弗來說,這代表我們的星系「是個巨大的螺旋星雲」,

加州威爾遜山天文台的100英寸(2.5公尺)巨型望遠鏡。

與仙女座等螺旋星雲一起移動,「而我們正從內部看著
它」。哈伯旋即在仙女座找到他想要的新星。自1909年
起,哈伯便從威爾遜山拍下這個星雲的底片。當他試圖
從多年底片中釐清頭緒時,卻突然意識到那顆新星並非
新發現,而是一顆造父變星(Cepheid variable)。有60張
底片上出現了這顆恆星,光度變化從十八到十九視星等

仙女座星雲(星系)的照片,約
1900年。

不等。這項發現令人振奮，因為造父變星光度的變化可以用於測量距離。造父變星在「宇宙距離梯度」（cosmic distance ladder，天文學家判定天體距離的一系列方法）中，發揮「標準燭光」──已知亮度的天體──的功用。將這顆星的已知光度週期，跟該天體觀測出的亮度做比較，便能利用平方反比定律計算出該天體的距離。

1908年，前面提到的其中一位「哈佛計算員」亨麗埃塔·史旺·勒維特，在研究麥哲倫星雲中成千上萬顆變星時，發現了典型造父變星光度週期與亮度之間的關係。一旦知道這種關係，埃德溫·哈伯便能判定地球與仙女座星雲之間的距離超過90萬光年，遠超過此前所想像，也因此得知該星雲遠在我們的星系之外。（雖然世人常常把這項發現完全歸功於哈伯，但愛沙尼亞天文學家恩斯特·奧匹克〔Ernst Öpik〕一年之前所發表的論文中，便已根據對仙女座徑向速度〔radial velocity〕的觀測，推斷出仙女座的距離，而且比哈伯更精確。）不久後，哈伯便從仙女座星雲中又發現了12顆造父變星與其他新星，這下子情勢就很清楚了──銀河系並非唯一的「宇宙孤島」。仙女座是我們星系邊界外眾多星系的一員。

大辯論就此落幕，但哈伯又提出（更準確說，應該是證實）另一項震驚世人的宇宙發現。1929年，他和米爾頓·L·赫馬森（Milton L. Humason）確立了今天所謂的「哈伯定律」。他們將幾個星系中造父變星的距離，與它們從我們觀察的角度看所退縮的速度（這是V·M·斯里弗觀測的數值）兩相結合。兩人宣布宇宙正在膨脹。雖然退縮的速率稱為「哈伯常數」，而退行速率與銀河間距離的比率稱為哈伯定律，但在兩年前，也就是1927年，就已經有人提出宇宙膨脹的理論了──他是比利時天主教神父，也是劍橋大學天文學系畢業生喬治·勒梅特（1894-1966）。勒梅特從愛因斯坦的廣義相對論中得

喬治·勒梅特，提出大爆炸理論的人。

對頁圖：〈地球──與太陽噴發的火炎對比〉，出自《G·E·米頓給年輕人的星圖》（*G. E. Mitton's The Book of Stars for Young People*），1925年。

出這個想法，並且為後人所說的哈伯常數提出最早的觀測估計值。他把成果發表在布魯塞爾科學會的年鑑上，由於這份期刊在比利時以外很難讀到，因此他的理論一開始也少有人知。愛因斯坦倒是有注意到，但他一開始非常抗拒勒梅特的宇宙膨脹論。「你的計算沒錯，」他對這位比利時人說，「但你的物理學實在令人討厭。」

1931年，《皇家天文學會月報》（*Monthly Notices of the Royal Astronomical Society*）刊出了對勒梅特一文的評論。勒梅特挾著剛剛得到的注意，進一步提出了此後的科學家立足的論點：我們這個擴張中的宇宙可以回溯到單一的起始點，是過去某個有止境的瞬間，當時宇宙中的一切質量都凝聚在一起，而時間與空間的肌理就是從這一點、這一刻瞬間爆發而存在。勒梅特稱之為「太古原子假說」，也叫「宇宙蛋」──而我們今日稱為「大爆炸」理論。

4-12 20 世紀以來的大突破

雖然我們現在已經談到現代，也來到這本編年史的尾聲，但天文學前進的步伐絲毫沒有減速。事實上，隨著科技的進步，天文學在20世紀取得的進展可說是前所未有。[18] 先有愛因斯坦的理論，後有哈伯對星系的發現，宇宙的大小有了爆炸性的成長（從哈伯定律對勒梅特先前理論的支持來看，「爆炸」這個詞用得可是一點都沒錯）。哈伯堅稱眾星雲是遠方的其他星系，數千年來

對頁上圖：日本業餘天文愛好者小山久子（1916-1997）自1944年開始觀察太陽。1946年，她成為東京科學博物館的觀測員，連續40年日日不輟，一絲不苟地繪製太陽黑子圖，成為歷來最有價值的太陽活動研究之一。

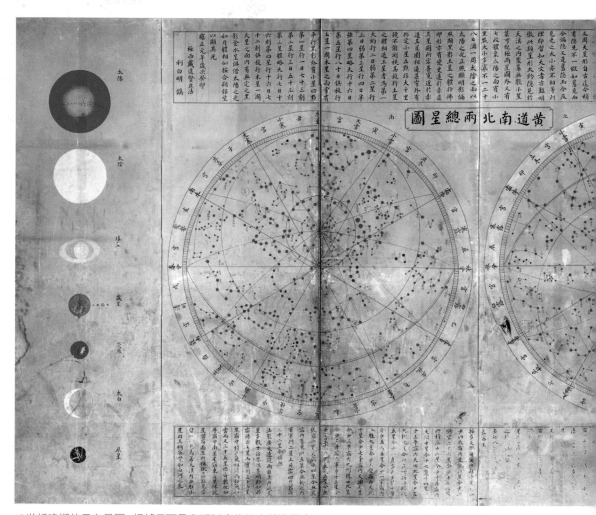

19世紀晚期的日文星圖，根據日耳曼裔耶穌會傳教士戴進賢（Ignaz Kögler, 1680-1746）的觀測所繪。

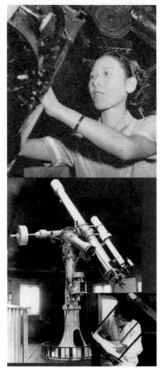

天文學家一再重複的觀念——「我們的星系是唯一的星系」——也隨之瓦解。其實,星系數量的估計值一直不斷成長。1999年,根據哈伯太空望遠鏡(HST)的觀測,宇宙中約有1250億個星系;但近年來,電腦模型則主張這個數字應該接近5000億個星系。

　　在20世紀的重大突破中,「膨脹中的宇宙」與翻倍成長的星系數量可說是並列第一,而排名第三的發現則出現在1964年——美國無線電天文學家阿諾·彭齊亞斯(Arno Penzias)與羅伯特·伍德羅·威爾遜(Robert Woodrow Wilson)發現了宇宙微波背景輻射(cosmic microwave background,CMB),為宇宙起源的大爆炸提

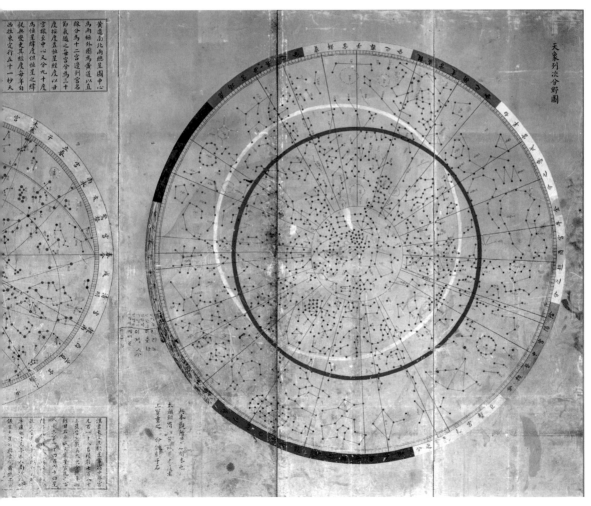

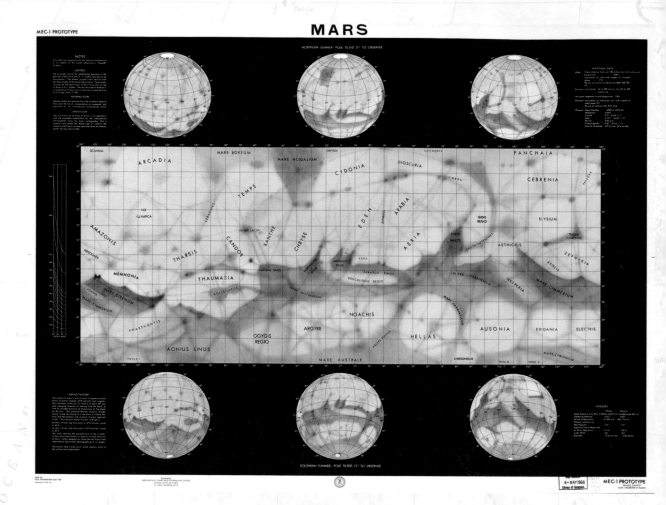

供有力的證明。CMB是宇宙誕生早期階段——「復合時期」（Recombination，大爆炸之後僅37萬8000年）的迷人回聲。帶電的電子與質子就是在此時首度結合，化為電中性的氫原子。CMB是一種弱電磁輻射，充滿整個宇宙。由於CMB是最早的輻射之一，因此能為我們提供關於宇宙初生時的資訊。只要有適當的電波望遠鏡，就有可能在眾星間的黝暗太空偵測到這種輻射的微光。以前其實有一種比較容易的方法，能以某種形式察覺到CMB：在電視影像還沒換成數位訊號之前，頻道與頻道之間的靜電干擾大約有1%是這種背景輻射構成的。對於CMB的搜索早在1940年代就開始了，但彭齊亞斯與威爾遜在1964年發現CMB實屬無意之舉，結果卻為他們贏得1978年的諾貝爾物理學獎。

1962至1965年製作的火星表面原圖，採用麥卡托（平面）投影與球體投影。這張地圖有一部分利用了帕西瓦爾·羅威爾的觀測結果（見〈4-8 窺視火星生命的帕西瓦爾·羅威爾〉）。

月球拼接合成圖，1962年11月
由美國空軍製作。

還有另一個更大的未解謎團——這個謎團看不見
摸不著，只能從其影響來觀察：1933年，瑞士天體物理
學家弗里茨·茨維奇（Fritz Zwicky）在研究后髮座星系
團（Coma Cluster）時首度具體提到這件事。他意識到，
后髮座的各星系遠離彼此的速度快到無法以其質量來
解釋，於是他估計該星系團的質量要比我們所能觀察到
的多400倍。他認為，一定有某種看不到的「暗物質」存
在，否則就無法解釋這種現象。確實，大部分的宇宙似
乎是由我們看不見的材料所組成的。可見、會散發輻射

的天體只占全宇宙大約4%的質量。從各種可以觀察到的重力效應中，都能間接看出這種理論上無所不在的暗物質與「暗能量」──唯有在存在的質量比看得見的質量更多的情況下，才會出現這些現象。從旋轉星系的角速度來看，要是沒有這些看不見的質量，它們肯定會分崩離析。

美國天文學家薇拉‧魯賓（Vera Rubin, 1928-2016）的開創性研究，為這種構想帶來最大的助力。魯賓揭開了星系角運動的預期值，與實際觀測結果之間的出入。今天，學界視這種「星系旋轉問題」的奇特運動現象為暗物質存在的證據，證實了魯賓在1960年代所提出的、數十年來爭議不斷的論點。進一步的支持則來自1979年得到證實的重力透鏡現象（愛因斯坦在廣義相對論中便預測到的光曲折現象）。根據今天標準的宇宙模型，暗能量與暗物質共同組成整體質量─能量的95%。暗物質固然還無法觀測，但它們很可能是一種尚未發現的基本粒子──或許是理論性的「WIMP」（大質量弱相互作用粒子〔weakly interacting massive particles〕，縮寫有「懦夫」之意）或「MACHO」（大質量緻密暈天體〔massive

「水手四號」（Mariner 4）探測器在1965年7月15日飛過火星，首次捕捉到另一顆行星的近距離影像。資料回傳NASA，再慢慢轉為圖片。由於按捺不住，噴氣推進實驗室的職員便把資料一條條印出來，發瘋似地用手工上色，然後一條條接起來，做出這張照片。

為了拍攝這張2002年的深太空影像，HST的視線穿透了已知最龐大的星系團「阿貝爾1689」的中心。星系群中上兆顆恆星的重力以及暗物質的質量，相當於在太空中一塊寬300萬光年的透鏡，將後方遙遠處的星系所發散的光線折曲、放大。影像中若干最黯淡的物體，距離我們超過130億光年。

astrophysical compact halo object〕，縮寫有「漢子」之意）。（天體物理學家跟我們凡人一樣喜歡好玩的縮寫。）

理論物理學家還在這些挑戰中難以自拔的同時，我們的視線早已深入到天空深邃海洋的祕密中了。1960年代末，外行星之間一次即將到來、175年難得一遇的排列，讓探索外太陽系的「航海家」（Voyager）探測計畫就此誕生。美國太空總署提供資金，在加州南部的噴氣推進實驗室（Jet Propulsion Laboratory）打造了探測器。1977

年8月20日，太空總署在佛羅里達的卡納維爾角（Cape Canaveral）先發射了「航海家二號」（Voyager 2），路線經過計算，將近距離經過木星、土星、天王星與海王星。不久後，「航海家一號」（Voyager 1）也在1977年9月5日升空，其軌跡預期將精準快速飛越土星的衛星「泰坦」。航海家一號完成了這個任務，但也因此衝出黃道，踏上新的旅途。此時，光是1986年一年，就有5架探測器出發朝哈雷彗星前進。其中由歐洲太空總署發射的「喬托號」（Giotto），以不到375英里（604公里）的近距離貼近彗星的質量中心，蒐集了10小時的資料與影像。

2012年，航海家一號超越了速度較慢、發射於1990年代的深太空探測儀「先鋒十號」（Pioneer 10）與「先鋒

阿波羅十一號登陸地點的地圖，上面有伯茲・艾德林（Buzz Aldrin）的簽名。

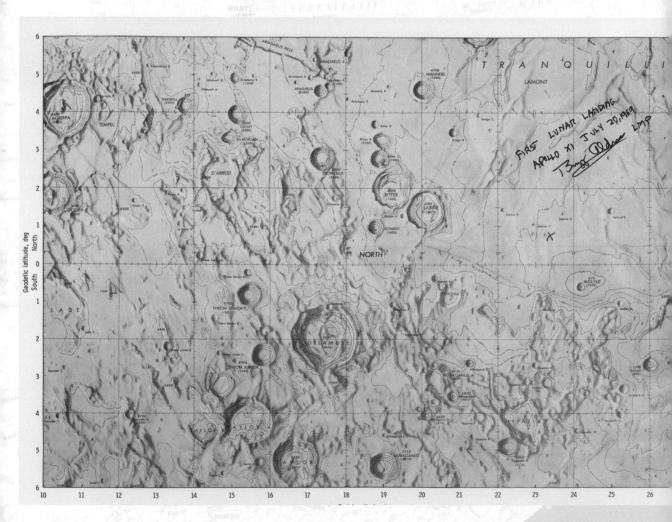

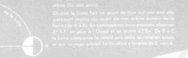

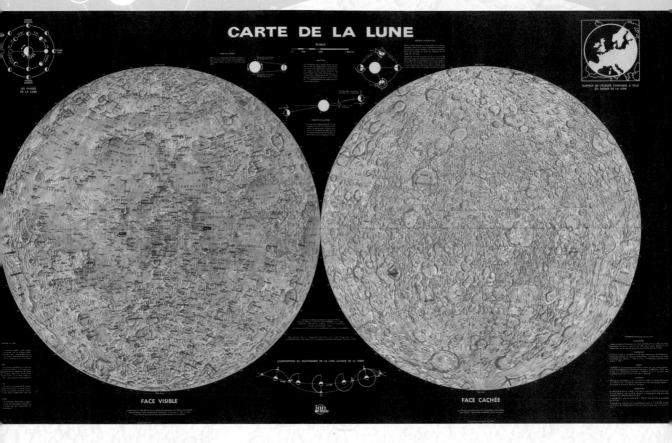

CARTE DE LA LUNE

FACE VISIBLE

FACE CACHÉE

法文月球地圖，製作時間就在1969年，阿波羅十一號與十二號的首次載人登月任務後不久。圖上顯示這兩架太空船，以及此前NASA月球軌道太空船（Orbiter）、測量員計畫（Surveyor）與遊騎兵計畫（Ranger），和俄羅斯月球號計畫（Luna Missions）等探測器的登月地點。

十一號」（Pioneer 11），成為第一個進入星際空間的人造物體，並且從2013年起以每秒11英里（17公里）的高速飛離太陽。這架航行器捕捉到木星複雜雲系與風暴系統的近距離影像，揭開木衛一「伊俄」的火山活動面紗，並發現土星環有著奇妙的扭結現象。[19] 航海家二號則探索天王星周圍的磁場，並發現了另外10顆衛星。當航海家二號飛越海王星時，又另外發現了6顆衛星，以及大片的極光。2018年8月，美國太空總署證實太陽系外緣有一道「氫牆」──1992年，兩架航海家探測器首度發現了這道牆。

1990年，HST發射，開始環繞近地軌道。自此之後，HST持續提供宇宙的高解析度影像，[20] 不僅不受地球大氣層扭曲，背景光害也遠比地面上任何望遠鏡都低。由美國太空總署建造，歐洲太空總署協助的HST，是唯一一架設計由太空人在太空中維護的望遠鏡，其使用壽

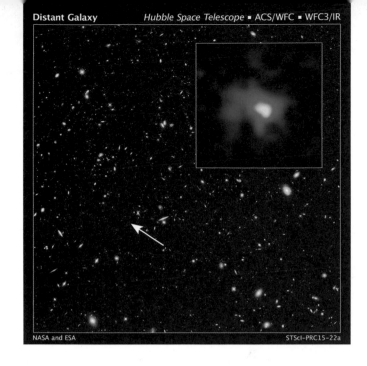

Distant Galaxy　　Hubble Space Telescope ▪ ACS/WFC ▪ WFC3/IR

NASA and ESA　　　　　　　　　　　　　　　STScI-PRC15-22a

「GN-z11」，史上以分光方式觀測到並證明的星系中最遠的一個。在這張由HST觀測的影像上，GN-z11是個非常亮的光源。HST是「CANDELS」（銀河系外深太空痕跡近紅外線成像調查計畫）的一環。這個星系存在於130億年前。

對頁圖：「Pismis 24」星團，位於巨型發散星雲「NGC 6357」的核心，在天蠍座的方向。

命也因此增加了好幾倍。經過2009年的第五次維修任務之後，這架望遠鏡預計最久將能運作到2040年。HST搭載可觀測近紫外線、可見光與近紅外線光譜的儀器，讓我們得以望向空間與時間的深處，促成無數的天體物理學突破。

多虧了HST，我們才能精準測量造父變星之間的距離，修正哈伯常數的數值，從而準確判定宇宙膨脹的速率。HST發射之前，我們對於哈伯常數的估計值通常會有高達50%的誤差範圍——有了HST之後，誤差範圍便降低到10%。如今學界估計的宇宙年齡經過HST的調整，由原本100億至200億年的估計，縮小到137億年。利用HST觀察遙遠的超新星之後，我們也發現宇宙很可能正加速膨脹。（原因雖然不明，但最常見的解釋是暗能量之故。）我們因為有HST才了解到，所有星系的中心很可能都是黑洞，也才發現系外行星繞行類太陽恆星的證據。我們還設法用HST研究遠在太陽系邊緣的天體，例如包括冥王星與鬩神星（Eris）在內的矮行星。不久前，天文學家利用哈伯的資料，在2016年3月3日發現了已知最遠的星系「GN-z11」，距離約320萬光年之遙。

不過，最震撼人心的影像還等著出現呢。根據規

上圖：2013年7月9日，維京軌道探測器（Viking Orbiter）在距離火星表面1550英里（2500公里）的高度拍攝102張照片，所拼成的合成圖。如果你從探測器的角度看，看到的就是這樣的火星。圖上橫向的地貌為「水手谷」（Valles Marineris），是太陽系中最大的峽谷，長2500英里（4000公里），深達4英里（6.5公里）。

對頁圖：「創生之柱」HST所拍攝過最知名的影像之一，原攝於1995年。這是某個龐大的恆星形成區的一部分，位於老鷹星雲（Eagle Nebula），距離地球6500光年。創生之柱大約5光年高，在它們的深處有恆星正在形成。

畫，HST在科學上的繼承者，是「詹姆斯·韋伯太空望遠鏡」（James Webb space telescope，JWST，紀念1961至1968年間的美國太空總署署長）。本書寫作時，這架望遠鏡尚未升空。但預計於2021年3月發射的JWST，將會在距離地球93萬英里（150萬公里）的軌道繞行，上面有18面六角形鍍金鈹反射鏡，搭配一面直徑達21英尺4英寸（6.5公尺）的龐大反射鏡（相較之下，HST的反射鏡「只有」7英尺10英寸／2.4公尺）。有了JWST，我們就能觀測宇宙中時間最久遠的事件與距離最遙遠的天體——例如最早的星系形成的過程，以及遠方恆星與行星的誕生——此外還能生成系外行星、超新星，以及當前地面與太空儀器偵測範圍之外的其他眾多場面。在過去這1000年間所有的天文學創新與革命中，顯然其他時代所目擊的天文發現，都比不上你我所身處的時代。

後記

　　我們對未來的期許該訂在什麼高度？只需要看看從1900年以來這段相當短的時間裡，新發明出現的速度多麼驚人，就能略知一二了。20世紀伊始，天文學家還在用對數表與計算尺進行運算。光是從有限的資料組計算彗星軌道，就需要三個星期的工作，而今天，電腦用不到三分鐘就能完成了。當時，我們還以為太陽系是唯一的行星系；我們對原子內部一無所知，也還沒發現電子與中子。光譜學與電磁輻射的研究還沒有因為量子力學的出現而解鎖。時人還不了解狹義或廣義相對論，$E = mc^2$ 還沒出現在黑板上，對核融合或核分裂也沒有概念。今天，巨型電波望遠鏡四散在地球表面上，而一批由伽馬射線、X光、紫外線與紅外線太空望遠鏡組成的大軍在軌道上繞行。登陸月球的人已經有12個。商業太空旅行即將實現。憑藉地面上的天文台與克卜勒太空望遠鏡（Kepler space telescope）等優異的太空載具，我們已經證實了2792個星系中，共3726顆系外行星（我們太陽系之外的行星）的存在。有些系外行星太靠近它們的太陽，狀態就如融化的岩漿球、有些比木星還大、有些則小如地球的衛星。（有些則環繞著兩顆恆星，世人根據電影《星際大戰》中路克・天行者〔Luke Skywalker〕出身的星

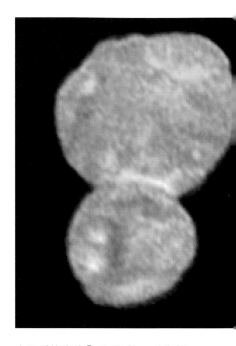

太陽系外緣的「天涯海角」，此為新視野號探測器捕捉到的畫面，也是太空船所造訪過最遠的物體。

NASA／噴射推進實驗室與加州理工學院（NASA/JPL-Caltech）製作的〈未來願景〉系列圖，想像未來太空旅行的樣貌。

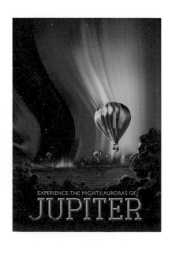

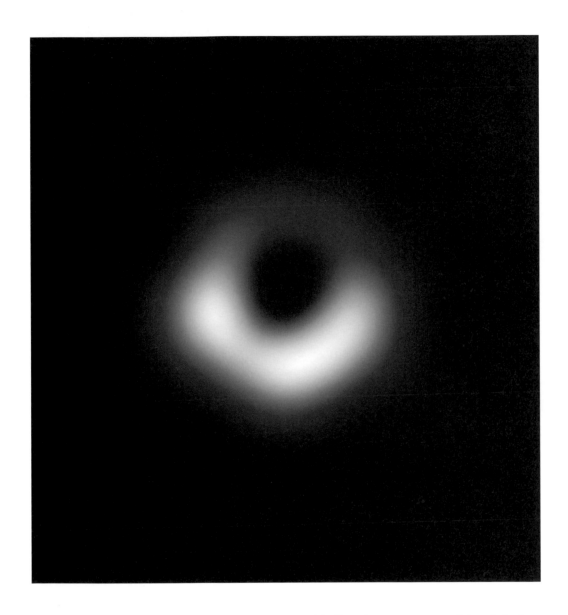

〈見所未見〉（Seeing the unseeable），2019年4月10日，美國國家科學基金會（National Science Foundation）劃世紀宣布國際合作的地面無線電望遠鏡陣列──「事象地平面望遠鏡」（Event Horizon Telescope，EHT），已成功捕捉到第一張黑洞（位於「梅西爾87」星系中央）事象地平面的影像，這是過往所認為不可能看到的。

球，把這類行星稱為「塔圖因」〔Tatooine〕行星。）如今，學界認為行星的數量遠多於天空中的恆星，並期待下一代的太空任務，例如美國太空總署的JWST，能在未來發現更多行星。

太空總署的「洞察號」登陸機器人，已經於2018年11月26日成功登陸火星。正當本書寫作時，洞察號正漫遊於火星表面，深入研究其內部；同時間，還有另一架NASA的機器載具──帕克太陽探測器（Parker Solar

Probe），即將成為第一架調查日冕外層的太
空船。這架探測器將以不到9.86太陽半徑（430萬英里
／690萬公里）的距離接近太陽，在最靠近時預期會達
到約每小時43萬英里（69萬2千公里）的速度。2019年1
月1日，新視野號（2015年飛過冥王星）首度飛越古柏帶
（Kuiper Belt，位於太陽系極外緣）一顆由冰與岩石組
成的神祕天體——暱稱為「天涯海角」（Ultima Thule）。
假如新視野號到了2038年還能運作的話，就將與航海家
號擔負起一樣的任務，探索外太陽圈，或許還能跨過邊

史上最詳盡的銀河系圖。2018年，歐洲太空總署（ESA）發表這張我們星系（及鄰近星系）的影像，其中包括17億顆恆星的資料，有的遠達8000光年。這些資料是蓋亞衛星花了22個月蒐集得到的。

界，進入星際空間。

天空的故事不斷在我們面前開展。對我們來說——對我們這個探險物種中堪稱成果最豐的一代人來說，是不可能不為科學發展的勢頭與無盡可能性帶來的興奮之情而觸動的。「知者有涯，不知者無涯，」湯瑪斯・赫胥黎（T. H. Huxley）在1887年如是說。「知識上，我們彷彿站在一塊礁岩上，在無法解釋的無垠大海之中。我們每一代人的任務，就是索拿那多一點點的陸地。」

注釋

1. 17世紀基督徒最詭異的天文詮釋，非梵諦岡圖書館員李奧・阿拉提烏斯（Leo Allatius）的故事莫屬。據說，阿拉提烏斯曾寫過一部未發表的論文，題目是〈論我主耶穌基督之包皮〉（De praeputio Domini nostri Jesu Christi diatriba）。他在文中宣稱神子的包皮升上天，化為土星環。

2. 比方說，直到2018年7月，劍橋大學的研究人員運用歐洲太空總署蓋亞衛星（Gaia satellite）的資料，才發現在80至100億年前，有個名叫「蓋亞香腸」（Gaia Sausage）的矮星系與銀河系相撞。這條香腸已經消失無影蹤，但銀河系也因此改頭換面，多了恆星、氣體與暗物質，成就其獨特的核球（bulge）。

3. 巨石陣嚴格來說並非「陣」（henge）。根據定義，「陣」是內有溝渠的封閉環形土堤工程——但巨石陣的土堤位於溝渠之內。

4. 金星有種奇妙的情況：其自轉極為緩慢，每小時僅4.05英里（6.52公里），你可以在金星地表上，用跟太陽劃過天際時一樣的速度漫步。也就是說——借用天體生物學家大衛・格林斯朋（David Grinspoon）的話來說——「光是用走的，你就可以一直看著夕陽，看個沒完。」當然，先決條件是你有辦法不被金星濃厚、沉重的大氣壓扁，不被這顆行星的均溫——攝氏460度（華氏860度）瞬間煮熟才行。

5. 「遭到某種生物吞食」是各文化對食相共通的神話詮釋。維京人認為天狼會追月，一旦狼群中的一隻成功追到，月食便會發生。（食相的英文「eclipse」來自希臘文的「ekleípo」，意為「消失」，或是「遭到捨棄」。）月食帶來的是「眾神拋棄人類」的恐怖消息。

6. 儘管托勒密的計算確實構成天球與地球座標體系的基礎，但他卻沒有留下任何地球儀或天球儀。雖然沒有任何跡象顯示曾經有這樣的儀器確實存在，但我們很難想像托勒密或與他同時代的人會想不到天球儀與地球儀的點子。

7. 如今，信眾只需要參考有GPS的應用程式，例如Google的「朝拜指南針」（Qibla Finder），問題便迎刃而解了。

8. 不過，古騰堡的發明並未如西方一般人以為的那樣撼動全世界。在亞洲，活版印刷術早已行之有年。例如在西元1040年前後，中國發明家畢昇便將膠泥字安在鐵版上印刷了。

9. 布拉赫為了一條數學公式，與丹麥貴族曼德魯普・帕斯貝里（Manderup Parsberg）起了爭執。1566年12月29日，兩人在黑暗中用劍決鬥，結果布拉赫失去了自己的鼻梁。餘生他都用膠水黏上假鼻子——而且是金的。不過，世人的好奇心實在強大。2010年，布拉赫被開棺驗屍，經化學分析顯示他的假鼻子其實是黃銅做的。（但據信他在特殊場合確實會戴金鼻子。）

10. 一想到在1615年至1621年間，克卜勒同時在為針對他母親卡塔琳娜（Katharina）的巫術指控對抗，這部著作就更是令人覺得了不起。在友人協助下，克卜勒親自在獵巫審判中為母親辯護，並且將她帶到林茲（Linz）以保護其安全。但是，卡塔琳娜仍然在1620年被捕下獄達14個月，期間不斷受到刑求的威脅，但她拒絕認罪。卡塔琳娜於1621年獲釋，6個月後便過世了。

11. 此時，這部巨作的出版工作差點就因為嚴重缺乏資金而停頓。皇家學會對此滿不情願，因為學會不久前才因為出版了一本叫《魚的歷史》（De historia piscium，作者是法蘭西斯・魏勒比〔Francis Willughby〕）的冷門圖文書而賠了一大筆錢，於是哈雷提議由他為《原理》出資。學會同意了，但告訴哈雷連他那50英鎊的薪水都付不出來——於是乎，他得到的報酬是賣不出去的《魚的歷史》庫存書。

12. 不過，牛頓倒是第一個記錄了大家揉眼睛時會看到光的那種「星爆」現象。今天這種現象稱為「光幻視」（phosphenes，眼睛內的細胞在受壓時所創造的光點）。阿波羅十一號（Apollo 11）的組員全部經歷過這種現象，只是他們一致決定不要對別人提起，以免其他人覺得他們有病。（有一種跟光幻視直接相關的現象叫「囚徒電影院」〔Prisoner's cinema〕，據囚犯說，長時間待在黑暗中就會發生。）

13. 不過，這完全比不上哈雷彗星在1910年再度現身時，所引發的那種恐怖顫慄。1881年，不列顛天文學家威廉·哈金斯爵士（Sir William Huggins）發現彗星的慧尾含有氰，是一種氰化物；1910年，《紐約時報》（New York Times）做出錯誤報導，表示世界各地的天文學家擔心哈雷彗星（理應通過地球與太陽之間）會對地球噴出毒氣。這篇報導引發國際恐慌。

14. 赫謝爾曾打造超過400架望遠鏡，使用的反射鏡也全是燒木柴與煤炭的爐子加熱鐵所製成的。但他選擇來製作模具的材料有點超乎尋常；經過多方嘗試，他發現最好的材料是夯實的馬糞。馬糞模具的使用一直延續到20世紀，這實在是出人意料。例如巴黎的聖戈班（St Gobain）玻璃廠為威爾遜山天文台（Mount Wilson Observatory）的虎克望遠鏡（Hooker telescope，1917年完成）製作100英寸（2.5公尺）反射鏡時，就採用了這種作法。

15. 關於地圖上同類型的幽靈，見《詭圖》（The Phantom Atlas）(Simon and Schuster, 2016)。

16. 隨著攝影術的問世，維多利亞時代的人對天空也出現了一種有趣的迷思，而且跟閃電特別有關係。19世紀的人相信雷擊造影（Keraunography），認為閃電有著和照相機閃光一樣的功能，人或動物若遭到雷擊，就會在周圍留下一張類似攝影的影像。這個迷思源自1300年代至1600年代的古老傳說——據說在教堂中遭到雷擊的人，身上會烙上十字架的印子。雷擊確實會產生特定的圖案，這個事實或許是造成上述傳說的來源。現代的「雷擊痕」（keraunographic marks）一詞（亦稱「雷擊花」〔lightning flowers〕）也留有一絲這種迷思的味道。

17. 大量證據顯示很可能有一顆真正的（而且是巨大的）行星X——當代天文學家稱之為「第九行星」（Planet Nine）——遠遠藏匿在海王星之外，期待接下來數十年能夠發現。這顆第九行星或許可以解釋古柏帶（Kuiper Belt，外太陽系天體大量聚集的地帶）中某些天體的奇特運行方式。

18. 當然，這也讓民眾對宇宙的興趣提升到了前所未有的高度，甚至讓一位名叫A·狄恩·林賽（A. Dean Lindsay）的美國仕紳試圖對地球之外的整個宇宙確立其所有權。1937年，林賽向喬治亞州奧西拉（Ocilla）的高等法院提交對「各行星、太空諸島或其他事物——總稱為『A·D·林賽群島』（A.D. Lindsay's archapellago）的所有權」聲明。「你不覺得很神嗎？」提交文件後不久，他在寫給朋友的信上如是說。「月亮和太陽，恆星、彗星、小行星——只要是這個世界之外的所有東西都是我的！」（可惜對林賽以及其他有相同念頭的人來說，1967年的《外太空條約》〔Outer Space Treaty〕挫敗了他們的主張，確立前開主權聲明並無效力。）

19. 出人意料的是，不是只有行星才會有星環。例如在2014年，天文學家就發現小行星凱瑞珂龍（Chariklo）也有星環。學者不知道這麼小的天體為什麼會有星環，但一般認為或許是一顆小衛星碎裂後，其碎片聚集而成的。

20. 這樣的高解析度，是花了一點時間才達到的。發射後不久，太空總署便發現哈伯的其中一片透鏡沒有準焦，原因是一面反射鏡出現了人類毛髮直徑1/50的誤差（主反射鏡與次反射鏡雖然經過獨立驗收，但沒有人在送上軌道之前便測試過整架望遠鏡）。1993年，太空人進行太空漫步，更換有問題的設備，任務花費為9億美元。

參考書目

Armstrong, K. (2005) *A Short History of Myth*, London: Canongate

Barentine, J. C. (2016) *The Lost Constellations*, London: Springer Praxis Books

Barrie, D. (2014) *Sextant...*, London: Collins

Benson, M. (2014) *Cosmigraphics*, New York: Abrams

Brunner, B. (2010) *Moon: A Brief History*, Yale: Yale University Press

Bunone, J. (1711) *Universal Geography*, London

Burl, A. (1983) *Prehistoric Astronomy and Ritual*, Aylesbury: Shire

Chapman, A. (2014) *Stargazers*, Oxford: Lion Books

Christianson, G. E. (1995) *Edwin Hubble: Mariner of the Nebulae*, New York: Farrar, Straus & Giroux

Clarke, V. (ed.) (2017) *Universe*, London: Phaidon

Crowe, M. J. (1994) *Modern Theories of the Universe from Herschel to Hubble*, New York: Dover

Crowe, M. J. (1990) *Theories of the World from Antiquity to the Copernican Revolution*, New York: Dover

Davie, M. & Shea, W. (2012) *Galileo: Selected Writings*, Oxford: Oxford University Press

Dekker, E. (2013) *Illustrating the Phaenomena: Celestial Cartography in Antiquity and the Middle Ages*, Oxford: Oxford University Press

Dunkin, E. (1869) *The Midnight Sky*, London: The Religious Tract Society

Feynman, R. (1965) *The Character of Physical Law*, Cambridge, MA: MIT Press

Ford, B. J. (1992) *Images of Science: A History of Scientific Illustration*, London: British Library

Galfard, C. (2015) *The Universe in Your Hand: A Journey Through Space, Time and Beyond*, London: Macmillan

Hawking, S. (1988) *A Brief History of Time*, London: Bantam

Hawking, S. (2016) *Black Holes: Reith Lectures*, London: Bantam

Hawking, S. (2006) *The Theory of Everything: The Origin and Fate of the Universe*, London: Phoenix

Hodson, F. R. (ed.) (1974) *The Place of Astronomy in the Ancient World*, Oxford: Oxford University Press

Hoskin, M. (2011) *Discoverers of the Universe: William and Caroline Herschel*, Princeton, NJ: Princeton University Press

Hoskin, M. (1997) *The Cambridge Illustrated History of Astronomy*, Cambridge: Cambridge University Press

Hubble, E. (1936) *The Realm of the Nebulae*, New Haven, CT: Yale University Press

Kanas, N. (2007) *Star Maps*, Chichester: Praxis

King, D. A. (1993) *Astronomy in the Service of Islam*, Aldershot: Variorum

King, H. C. (1955) *The History of the Telescope*, London: Charles Griffin

Kragh, H. S. (2007) *Conceptions of Cosmos*, Oxford: Oxford University Press

Lang, K. R. & Gingerich, O. (eds) (1979) *A Source Book in Astronomy and Astrophysics, 1900–1975*, Cambridge, MA: Harvard University Press

Mosley, A. (2007) *Bearing the Heavens: Tycho Brahe and the Astronomical Community of the Late Sixteenth Century*, Cambridge: Cambridge University Press

Motz, L. & Weaver, J. H. (1995) *The Story of Astronomy*, New York, NY: Plenum

Nakayama, S. (1969) *A History of Japanese Astronomy*, Cambridge, MA: Harvard University Press

Neugebauer, O. (1983) *Astronomy and History Selected Essays*, New York, NY: Springer-Verlag

Rooney, A. (2017) *Mapping the Universe*, London: Arcturus

Rovelli, C. (2016) *Seven Brief Lessons on Physics*, London: Penguin

Rovelli, C. (2011) *Anaximander*, Yardley: Westholme

Sagan, C. (1981) *Cosmos*, London: Macdonald

Snyder, G. S. (1984) *Maps of the Heavens*, New York, NY: Cross River Press

Sobel, D. (2017) *The Glass Universe*, London: Fourth Estate

Sobel, D. (2011) *A More Perfect Heaven: How Copernicus Revolutionized the Cosmos*, London: Bloomsbury

Sobel, D. (2005) *The Planets*, London: Fourth Estate

Stephenson, B. (1994) *The Music of the Heavens: Kepler's Harmonic Astronomy*, Princeton, NJ: Princeton University Press

Stott, C. (1991) *Celestial Charts*, London: Studio Editions

Thurston, H. (1993) *Early Astronomy*, New York, NY: Springer-Verlag

Van Helden, A. (1985) *Measuring the Universe: Cosmic Dimensions from Aristarchus to Halley*, Chicago, IL: University of Chicago Press

Whitfield, P. (2001) *Astrology*, London: British Library

Whitfield, P. (1995) *The Mapping of the Heavens*, London: British Library

Wulf, A. (2012) *Chasing Venus: The Race to Measure the Heavens*, London: Vintage

圖片來源

Alamy Pg 112–113; **Altea Antique Maps** Pg 38–39, 181 (bottom); **Anagoria** Pg 19, **Asahigraph** Pg 229 (top); **Ashmolean Museum, University of Oxford** Pg 75; **B. Still, NYU Archives** Pg 190 (top); **Barry Lawrence Ruderman Antique Maps** Pg 1, 2–3, 22, 52, 60–61 (both images), 62, 83, 94, 115, 117, 124, 130–131 (all images), 144–145 (all images), 146 (top), 158, 160, 162 (both images), 163 (top), 164–165, 169, 177 (bottom), 202 (bottom), 234, 235; **Bonhams** Pg 73; **British Library** Pg 18, 19, 32, 34, 36, 56–57, 63, 65, 85, 88, 96, 102, 119; **Cambridge University Library** Pg 154; **Cartin Collection** Pg 108 (bottom), 109 (top); **Colegota** Pg 21; **Jade Antique Maps, Asia** Pg 33 (bottom); **Dan Bruton, Ph.D., SFA Observatory, www.observatory.sfasu.edu** (repeated star map); **Daniel Crouch Rare Books and Maps** Pg 150–151, 211; **Dr Janos Korom** Pg 69; **Dreweatts Ltd and Carlton Rochell Asian Art** Pg 166–167; **Dublin: Chester Beatty Library (public domain)** Pg 33 (top); **Ed Dunens** Pg 11; **ESA/Gaia/DPAC** Pg 242–243; **European Space Agency/Hubble and NASA** Pg 173; **Fae** Pg 28; **bpk | Staatliche Kunstsammlungen Dresden | Elke Estel | Hans-Peter Klut** Pg 24–25; **Event Horizon Telescope collaboration et al. / National Science Foundation** Pg 241; **Getty Images** Pg 16; **Geographicus** Pg 142; **Glen McLaughlin Map Collection of California as an Island courtesy Stanford University Libraries** Pg 148–149; **Hans Bernhard** Pg 43; **Harvard University Library** Pg 214, 215; **Heidelberg University Library** Pg 9; **Heritage Image Partnership Ltd/Alamy Stock Photo** Pg 15; **Houghton Library, Harvard (public domain)** Pg 46, **Hunan Province Museum** Pg 35; **Institute of Astronomy Library, Cambridge** Pg 156, 157, 177 (top), 178 (bottom), 190 (bottom), 200 (top), 202 (top); **Joe Haythornthwaite** Pg 207 (bottom); **John Harding** Pg 29; **Leiden University** Pg 139; **Library of Congress** Pg 49, 51 (top and bottom), 53, 76, 98–99, 106–107, 110, 138, 140, 141, 147, 152, 174, 181 (top), 185, 194, 200 (bottom), 203 (bottom), 208–209, 216, 219, 230, 231; **Library of Congress, Geography and Map Division** Pg 59; **Library of Congress, Serial and Government Publications Division** Pg 222; **Livioandronico2013** Pg 114; **Marcus Bartlett** Pg 44; **Marsyas** Pg 47; **Metropolitan Museum of Art** Pg 6, 40, 42, 78–79 (all images), 100, 103, 104 (bottom), 121 (bottom), 189; **Minneapolis Museum of Art** Pg 137 (top); **Musee du Luxembourg (public domain)** Pg 136; **Museo nazionale della scienza e della tecnologia Leonardo da Vinci, Milano** Pg 104; **Myrabella** Pg 161 (top); **National Aeronautics and Space Administration (NASA), European Space Agency (ESA) and AURA/Caltech** Pg 20; **NASA/ESA** Pg 233; **NASA, ESA and Jesœs Maz Apellÿniz (Instituto de Astrofísica de Andalucía) – acknowledgement: Davide De Martin (ESA/Hubble)** Pg 236; **NASA, ESA, P. Oesch and I. Momcheva (Yale University), and the 3D-HST and HUDF09/XDF teams** Pg 237; **NASA, ESA and the Hubble Heritage Team (STScI/AURA)** Pg 238; **NASA/Johns Hopkins University Applied Physics Laboratory/Carnegie Institution of Washington** Pg 197; **NASA/JPL-Caltech** Pg 239, 240 (bottom three images); **National Aeronautics and Space Administration (NASA)/Johns Hopkins University Applied Physics Laboratory/Carnegie Institution of Washington** Pg 196; **NASA/Johns Hopkins University Applied Physics Laboratory/Southwest Research Institute** Pg 212, 240 (top); **NASA/JPL/Dan Goods** Pg 232, **National Gallery of Art** Pg 50; **National Diet Library of Japan** Pg 12, 228–229; **NLA** Pg 205 (top); **National Library of France (public domain)** Pg 14; **National Library of Medicine** Pg 77, 168, 182–183 (both images); **National Museum of Norway** Pg 66–67; **Österreichische Nationalbibliothek** Pg 120; **Paul K** Pg 108 (top 5 images); **Philip Pikart** Pg 21; **Pom²** Pg 72; **SenemmTSR** Pg 40; **Smithsonian** Pg 5, 121 (top), 134, 137 (bottom right), 137 (bottom left), 143, 146 (bottom), 170–171, 186, 187, 188, 217; **The al-Sabah Collection, Kuwait (public domain)** Pg 71; **The History of Chinese Science and Culture Foundation** Pg 37; **The Yorck Project** Pg 41; **totaltarian/imgur.com** Pg 4; **Tycho Brahe Museum, Ven** Pg 122 (bottom), 123; **University of Ghent** Pg 90–91 (all images); **University of Michigan** Pg 133; **virtusincertus** Pg 55; **Walters Art Museum (public domain)** Pg 89; **Wellcome Collection** Pg 7, 28, 44, 45, 125, 172, 178 (top); **Wellcome Library** Pg 80–81, 82; **Wikipedia.ru** Pg 87; **Xavier Caballe** Pg 204 (top left); **Zentralbibliothek Zürich** Pg 109 (bottom); **Zunkir** Pg 27

Page 1: *Planisfero Del Globo Celeste* by Giacomo Giovanni Rossi (1687)

內封（**Metropolitan Museum of Art**）: Design for The Magic Flute – *The Hall of Stars in the Palace of the Queen of the Night*, 1847–1849 (after Karl Friedrich Schinkel)

Pages 2–3: Cellarius's *Planisphaerium Ptolemaicum* (1660)

天空地圖：瑰麗星空、奇幻神話，與驚人的天文發現

2021年1月初版　　　　　　　　　　　　　　　　　定價：新臺幣580元
2021年9月初版第三刷
有著作權・翻印必究
Printed in Taiwan.

著　　　者	Edward Brooke-Hitching	
譯　　　者	馮　奕　達	
叢書主編	李　佳　姍	
校　　　對	蘇　暉　筠	
	馬　文　穎	
內文排版	朱　智　穎	
封面設計	兒　　　日	

出　版　者	聯經出版事業股份有限公司	副總編輯	陳　逸　華	
地　　　址	新北市汐止區大同路一段369號1樓	總　編　輯	涂　豐　恩	
叢書主編電話	（02）86925588轉5320	總　經　理	陳　芝　宇	
台北聯經書房	台北市新生南路三段94號	社　　　長	羅　國　俊	
電　　　話	（02）23620308	發　行　人	林　載　爵	
台中分公司	台中市北區崇德路一段198號			
暨門市電話	（04）22312023			
台中電子信箱	e-mail：linking2@ms42.hinet.net			
郵政劃撥帳戶第0100559-3號				
郵撥電話	（02）23620308			
印　刷　者	文聯彩色製版印刷有限公司			
總　經　銷	聯合發行股份有限公司			
發　行　所	新北市新店區寶橋路235巷6弄6號2樓			
電　　　話	（02）29178022			

行政院新聞局出版事業登記證局版臺業字第0130號

本書如有缺頁，破損，倒裝請寄回台北聯經書房更換。　　ISBN　978-957-08-5681-1 (平裝)
聯經網址：www.linkingbooks.com.tw
電子信箱：linking@udngroup.com

THE SKY ATLAS: THE GREATEST MAPS, MYTHS AND DISCOVERIES OF THE
UNIVERSE by EDWARD BROOKE-HITCHING
Copyright © 2019 by EDWARD BROOKE-HITCHING
This edition arranged with SIMON & SCHUSTER UK LTD. Through Big Apple Agency,
Inc., Labuan, Malaysia.
Traditional Chinese edition copyright © 2021 LINKING PUBLISHING CO.
All rights reserved.

國家圖書館出版品預行編目資料

天空地圖：瑰麗星空、奇幻神話，與驚人的天文發現/ Edward
　Brooke-Hitching著．馮奕達譯．初版．新北市．聯經．2021年1月．256面．
　18.9×26公分）
　ISBN　978-957-08-5681-1（平裝）
　譯自：The sky atlas: the greatest maps, myths and discoveries of the universe
　[2021年9月初版第三刷]

　1.天文學　2.宇宙　3.主題地圖　4.地圖繪製

320　　　　　　　　　　　　　　　　　　　　　　　109020462

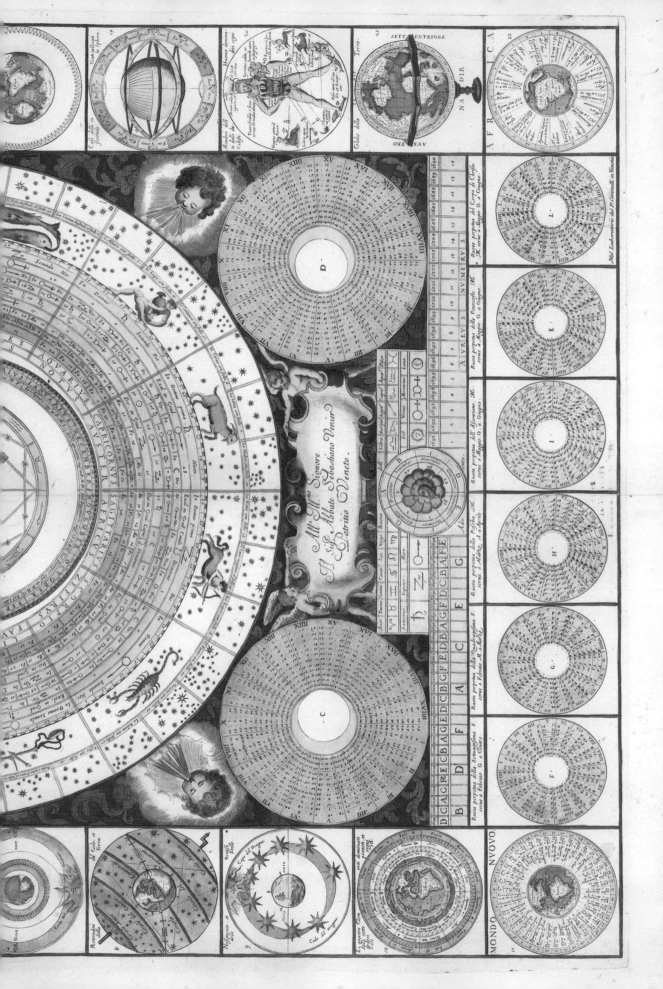